见识城邦

更新知识地图　拓展认知边界

CECILIA HEYES

COGNITIVE GADGETS

The Cultural Evolution of Thinking

认知工具

文化进化心理学

[英] 塞西莉亚 · 海耶斯 著

李宸 肖应婷 译

中信出版集团 | 北京

图书在版编目（CIP）数据

认知工具 / (英) 塞西莉亚·海耶斯著 ; 李宸, 肖应婷译. -- 北京 : 中信出版社, 2021.4

书名原文: Cognitive Gadgets：The Cultural Evolution of Thinking

ISBN 978-7-5217-0600-0

Ⅰ. ①认… Ⅱ. ①塞… ②李… ③肖… Ⅲ. ①认知心理学 Ⅳ. ①B842.1

中国版本图书馆CIP数据核字(2019)第093478号

认知工具

著　　者：[英] 塞西莉亚 · 海耶斯
译　　者：李宸　肖应婷
出版发行：中信出版集团股份有限公司
（北京市朝阳区惠新东街甲4号富盛大厦2座　邮编　100029）
承 印 者：北京通州皇家印刷厂

开　　本：880mm × 1230mm　1/32　　印　　张：9　　字　　数：230千字
版　　次：2021年4月第1版　　印　　次：2021年4月第1次印刷
京权图字：01-2019-3187
书　　号：ISBN 978-7-5217-0600-0
定　　价：68.00元

以此怀念唐纳德·T. 坎贝尔

目 录

导论

是什么让我们人类成为如此独特的动物？与其他生物相比，我们人类的确过着极为不同的生活。没有任何其他物种像人类这样彻底地改变了自身的生活环境，为了寻求生存，人类变得更加依赖合作，并在此过程中构建了宏伟的精神大厦，这其中涵盖了人类生活中积累的各项知识与技能：技术、农业、科学、宗教、法律、政治、贸易、历史、艺术、文学、音乐和体育。这究竟是因为什么？人类思想中的哪些因素使我们能够经历这种不同寻常的生活，又是什么让我们的思维得以以这种方式运作呢？

在本书中，我会论证说明上述问题的答案是“认知工具”。我们人类不仅创造了物理意义上的机器，比如滑轮、陷阱、推车和内燃机，还创造了头脑中的机器；在我们的神经系统中形成的思维机制使我们的思维比其他物种更深入、更迅速、更发散。这些独特的人类认知机制包括因果关系理解、情景记忆、模仿、心智解读、规范性思维等。这些是“工具”而不是“本能”（Pinker，1994），因为这些能力和众多物理设备一样，是文化而非遗传进化的产物。[1] 新的认知机制，即不同的思维方式的出现并不是由于基因突变，而是因为认知过程中的创新发展。这些新发展也并非通过基因，而是通过社会学习传承给后代。具有新的认知机制的人们再通过社会交往将这些机制传递给更多的人。另外，某些新思维方式可以代代相传，另一些思维方式则会随着时间的推移而逐渐消亡，这是因为掌握前一类思维方式的人有更多的“学生”，而非更多“婴儿”（Sober，1991）。

心理学家们经常用工具一词来比喻。他们认为人类思维各方面的运作方式其实与电路板、水箱、探照灯、搜索引擎、温度计、电阻器或瑞士军刀等的各个部件非常相似。但是如果我的猜测正确的话，人类思维与以上列举的机械设备在运作方式上的相似性其实更加深入。独特的人类思维方式的形成与那些外部世界的机器类似，都是文化进步的产物；也就是说这些思维方式是技术在人脑中的体现。遗传进化为人类提供了强大的可用于学习和记忆的通用机制，并对我们的气质进行微调，使我们的注意力发生偏移，以至于我们从降生的那一刻起就开始专注周围的人。然而我将在本书中借助比较心理学、发展心理学、认知神经学、哲学、人类学、行为经济学及理论生物学等理论证明，正是我们从其他人那里获得的经由通用机制处理的信息，建立了独特的人类思维方式。

本书的前三章为文化进化心理学奠定了基础。第 1 章讨论了认知工具理论的概念，并解释了文化进化心理学建立在进化心理学和文化进化论基础上的原因。第 2 章借鉴了生物学哲学进行论证，尽管我们已经知道与生俱来（先天）与后天养育（后天）的辩论在某些层面上有严重误导，但对于人类认知的任何特定特征而言，找出（1）遗传信息、（2）文化传承信息以及（3）直接来源于发展过程中的外在环境的信息塑造该特征的方式和程度是重要的。第 2 章还包括对当代文化进化论的概述，阐述如何将其既应用于认知产物（谷），又应用于认知机制（磨）。第 3 章则主要关注由遗传信息构成的人类特有的认知特征。行为及神经学研究发现，新生儿的大脑远非“白板”一块或者类似于黑猩猩的大脑，它具有高容量的学习和记忆机制、具有物种特异性的注意力机制以及发现有益社交线索的倾向。

第 4 章考察了可实现文化传承（即文化中的 DNA 复制）的文化学习的本质，以此引入本书的核心章节（第 5 章至第 8 章）。第 5 章至第 8 章分别考察了选择性社会学习、模仿、心智解读和语言等文化学习类型，并以现有证据证明：人类文化学习的独特性取决于文化传承信息。我着重关注了文化学习的机制，即那些使人类能以非凡的效率、保真度和精确性向他人学习的认知工具，原因有两个。首先，这些独特的人类认知机制显得尤其重要是因为它们的可延续性，也就是说文化传承本身可促使人类通过文化继承更多的技能。其次，进化心理学家和文化进化论者对许多认知特征的起源持不同意见，但双方都确信文化学习的机制是认知本能而不是认知工具。这种共识表明，文化学习的机制是最难解决的问题，而认知机制是最难以用文化进化的产物解释清楚的。

当对观察行为的影响随着周遭环境或观察对象（或榜样）的特征而改变时，比如当老榜样比新榜样更有影响力时，社会学习被认为具有“选择性”或涉及“社会学习策略”。在第5章中，我认为，存在于非人类动物、儿童和成人身上的选择性社会学习源自领域一般性学习和关注过程，即不是专门用于社会互动的过程，当然更不是用于文化传承了。然而，一小部分只在成年人身上发现的社会学习策略依赖明确的元认知，即对思考本身的思考。这些且只有这些行为效果才是真正具有策略性的，也是真正意义上的文化学习的例子。证据表明，与其他明确的元认知规则类似，这些元认知社会学习策略是通过社会互动，经由文化而非基因传承下来的。

观察者对榜样的动作形态进行复制，就是模仿，通过观察榜样的身体各部位随其他部位的运动方式，观察者得以用相似的方式运动身体的各个部位，从而产生动作。在第6章中，我认同百年来的传统观点，即模仿行为是“特殊”的，在人类中比在其他任何物种中更发达，并且所依赖的机制并不涉及其他类型的学习。另外我也同意，这些机制有助于保持文化传承的真实性。我个人的些许叛逆倾向只出现在与模仿行为起源相关的问题上。通过对关于模仿行为调控机制的原始理论的阐述，并提供支持该理论的经验证据，我认为，模仿能力是通过社会文化经验获得的。

心智解读包含对自己或他人心理状态的认同，比如信念和欲望、思想和感受等。在第7章中，我认为真正意义上的心智解读主要是通过提高教授的有效性来促进文化传承，但许多归因于心智解读的行为反应，比如在时间压力下猿、婴儿和成人身上呈现出的隐性或自动效应，并不是真正反映心智解读的案例，事实上它们源自领域一般性心理过程。这些过程能够产生与心智解读效果相仿的行为预测，当其发生时主体就会被描述为“低理性的”。那么真正的心智解读从何而来？答案是来自支持阅读或文字读写能力发展的以对话为基础的同类型的社会互动。而且这种社会互动是以文化形式传承的。

毋庸置疑，以结构化和习惯方式使用文字或符号交流的工具——语言，是一种非常重要的文化学习形式。谈到语言，关键问题不在于它是否是一种文化学习形式，而在于语言能力的起源：是遗传还是文化进化。在第 8 章中，我作为一个局外人——既不是语言学家也不是语言科学研究者——以开放的心态看待这个争论。事实上，如果我能够在这个关于语言的争论中找到令人信服的案例来证明与生俱来的语言能力的存在，那么这对于阐明本书的论点是非常有利的；文化进化在一个坚固的认知本能的基础上形成认知工具。但这并不是我发现的。当两种观点可以相互检验时，我发现语言的文化进化与遗传选择对语言的影响至少是不相上下的。

本书的核心章节，第 5 至第 8 章，有些特殊的看点。我在第 5 章中直接回答了一个文化进化论者倾向于回避的问题：究竟是选择性社会学习中的哪些因素推进了文化进化？关于模仿行为，第 6 章详细探讨了领域一般性认知过程如何通过社会互动建构起新的认知机制。第 7 章介绍了一种关于心智解读的创新观念，并提供了长期公认的先天主义及“理论-理论”视角之外的新方案。第 8 章则对关于语言起源的争论的现状进行了翔实而冷静的评价，但值得说明的是在经过广泛阅读后，我发现我在该争论中其实并无立场。

不同寻常的是，本书中的所有案例研究引入文化进化的理论与证据，不仅来自灵长类学和发展心理学，还来自实验心理学和认知神经学。

最后一章回过头来思考认知工具理论是如何与人类进化的时间线匹配的，并思考它对人性产生了哪些影响。文化进化心理学的研究表明，人类思维比之前所认为的更加敏捷，但也更为脆弱。尽管我们并没有被更新世的旧石器时代思想禁锢，而且目标明确的教育干预也具有改变认知发展的潜质，但我们依然输不起。战争和瘟疫不仅会清除现有的技术诀窍，还可能同时清除获取这些技术诀窍的手段。另外，文化进化观点也具有学科发展意义。与许多进化心理学家的观点不同，它并不赞同所有关于人类思想和人类生命的研究都必须通过进化论来进行。相反，它暗示对人类认知的发展和进化起源的研究应该由人文科学和社会科学共同展开。

第 1 章

一个问题的不同答案

在本章中，我将概述认知工具理论与其他理论的不同之处，以及近年来对于“是什么让我们如此独特”这一问题的不同答案。我将循着当代人类进化研究的“逻辑地理学”（Ryle，1954）回答这个问题。随后，我将解释认知工具理论如何以其他理论为基础建构而来以及采用这种建构方式的原因，并指出识字能力的起源为认知工具提供了原理证明。

逻辑地理学

一、维度

一些政治与宗教团体认为人类区别于其他动物的本质是由超自然力量赋予的，正因为如此，该说法也为优先满足人类利益提供了道义上的说辞。与之相反，现代科学研究则假定人类与其他物种间存在的任何差异，无论在程度上还是在类别上，都完全来源于自然发展，这其中绝大多数来自进化，尽管这些差异可以在一定程度上解释对待动物的人道主义原则，但其所包含的道义上的影响却远非不言自明。当科学家们发问“是什么让我们如此独特”的时候，他们并没有假设人类是唯一独特的物种，抑或觉得是人类这样的独特性让我们在道义上具有优势。

根据定义，所有关于人类独特性的科学探究最终都旨在解释人类的生命与其他动物的生命在地域分布、栖息地以及生活习惯上表现出的差异，这就好比火星人访问地球也会发现自身与地球人存在这种差异。科学家们在不同方面寻找能够解释这些差异的线索及答案。其中一些研究关注我们身体的发展，比如，追溯直立行走以及灵巧的双手对人类产生的影响。其他研究则只针对大脑发育，强调人类的大脑相对于其身体而言所占的比例异常之大，而且某些脑部区域的扩张程度在人类进化过程中较其他区域更高。另外一个研究关注点是行为，即人所从事的事情。理解人类独特性的关键或许在于我们的社交行为、对工具以及火的使用。最后一个从进化及科学角度研究人类独特性的焦点是人类的思想。这类研究试图识别人类区别于其他物种的心理过程或思维方式。

诚然，这四个研究焦点，即肢体、大脑、行为和心智，是互补而非排斥的。心智来源于大脑，大脑则是肢体的一部分，心智-大脑控制行为，行为又是由肢体来实施的。由此可见，最终可完整解释人类独特性的理论必然是将这四个研究焦点进行了整合。

从进化的角度回答“是什么让我们如此独特”这个问题时，答案也同样受历史及其他外部变迁等方面的影响。侧重史学维度的答案，也即“叙事理论”，为人类进化中的关键事件提供了一个顺序和年代表。例如，它们将大脑结构及行为的重大改变与有可能引起这些变化的气候或群体事件联系起来。侧重于外力影响的答案，即“外力理论”，则关注与人类进化有关的过程：如文化传承、表观遗传学、基因-文化协同进化、遗传同化、遗传漂变和生态位构建，以及对遗传变异的自然选择。（上述过程在稍后的章节中会展开讨论。）理想的理论会兼顾历史与外力维度，将年代表作为外力影响的证据，并用外力影响来解释年代表。目前已有很多令人钦佩的交叉理论（如 Sterelny，2003；2012）产生，但整合的确是个非常困难的任务。残缺不全的化石和考古学记录让叙事理论在很大程度上只能是推测性的（这些理论经常被当成“原来如此的故事”），而且当细节性强的叙述与对外力影响的分析结合后，由此产生的故事很可能变得非常复杂且经不起推敲。

二、进化心理学

那么，认知工具理论这个答案的焦点在哪呢？它与其他答案相比如何？事实上，认知工具理论将焦点锁定在心智上。与进化心理学——这里要与“高教会派进化心理学”*（Barkow, Cosmides and Tooby，1995；Pinker，1994）这类研究心智和行为的进化分析方法区别开来——一致，我有充分理由相信大脑、行为与外部世界间的关系，是无法在没有过渡介质的情况下得到合理解释的，

* “高教会派”（High Church），一词，是相对于“低教会派”而言，是基督教圣公会的一个派别，19 世纪形成于英国，主张在教义、仪式和教会规章上保持天主教传统，维持教会的较高权威地位。——译者注

也就是说，如果不能从抽象的心理层面描述这些关系，我们就无法对其做出合理解释。

我们不妨想象一下，某人手持长矛在荒野中狩猎。通过使用复杂的数学模型辅助分析，我们很有可能能够记录在狩猎者每一次环顾四周时，射入他眼中的光线在模式上的变化。我们甚至能够将与光线有关的神经放电的变化与狩猎者的行为进行关联：A 模式可预测狩猎者会继续环顾四周；B 模式则预测他会屈身半蹲更靠近地面；C 模式表明他将举起手中的矛。但这个庞大复杂的输入矩阵（脑部活动）及其输出结果解释不了狩猎者的行为，或者说无法提供他在不同情况下可能做什么事的信息，除非这个矩阵被翻译成心理术语，比如那个狩猎者“看到”、“错过”、“想要”以及“了解”什么。“看到”和“了解”之类的术语是已存入狩猎者的关联矩阵的那类活动与关系，并不是指由大脑或一种幽灵般的心理物质所做的“额外事项”。因此，如果缺少了心理术语提供的抽象概念，行为科学及神经科学只能够提供毫无洞察力的信息，精确但没有预测力。

与许多进化心理学家一样，我也认为那些最有效的抽象概念并非来自民间心理学（“看到”与“了解”），而是源于认知科学。这里所说的“民间心理学”指的是我们在谈论日常思想行为时经常提到的那些古老的智慧和传说。它用思想和感觉、信念和欲望来解释行为。例如：“娜碧拉点了一下头，示意她想竞

购那幅米罗 * 的画，她之所以这样做是因为她相信拍卖师可以理解她的头部动作是参与竞标的信号。”从 20 世纪 70 年代早期开始，“认知科学”这一名词便已经开始被用来指代众多针对心智展开的跨学科研究。这其中涉及的学科包括实验心理学、计算机科学、语言学、神经科学和心灵哲学。认知科学提供的很多解释都将心智比作一台电脑，将思考的过程比作“信息处理”，定位在“亚个体”的层面上（Dennett, 1969; 1987）。也就是说，与民间心理学将人的整体心理状态（例如信念和欲望）作为行为的驱动力相反，认知科学将行为解释为头脑的各个部分的活动及它们之间的相互作用的结果。例如：“当娜碧拉看到用绿色墨水写出的蓝色两个字时，她说出‘蓝色’，这是因为她的头脑中负责命名颜色的模块和负责认读字词的模块在控制她的语言机制时相互竞争，负责认读字词的模块最终胜出。”认知科学提供的这种“亚个体”的解释并不源自熟识或者直觉，这些解释比民间心理学对心智的分析更为深入，也经受住了很多严格的实验检测。

引入认知科学来探究人类进化，或使用人类进化去分析认知科学，是进化心理学的主要目的之一，也被认为是其最持久的成就。进化心理学的先驱——人类社会生物学（Wilson，1975），试图解释人类特有的社会行为的进化，特别是利他行为，这种行为要么完全不涉及心智，要么只依靠偶然产生的、心智发挥作用的

* 胡安 · 米罗（1893—1983），西班牙画家、雕塑家、陶艺家、版画家、超现实主义的代表人物。——译者注

民间心理学特征。同样，至今仍在蓬勃发展的人类行为生态学（Cronk，1991；Laland and Brown，2011）在很大程度上忽略了心智，因为该领域使用数学模型研究人类特有的行为（尤其是觅食行为）是否具有适应性（增强繁殖适度），具有适应能力的话，是否真的适应了环境（因增强繁殖适度而进化）。通过采用被称为“表型策略”（Grafen，1984；Hoppitt and Laland，2013）和“黑匣子论”（Heyes，2016a）的策略，人类行为生态学家们的研究有时会涉及大脑，却几乎很少提到心智，而当他们偶尔提到心智时也通常只是涉及民间心理学的内容。因此，尽管社会生物学和人类行为生态学已经为人类进化提供了宝贵信息，我认为进化心理学家在大约 20 年前所提出的“是时候认真对待心智发展”这一主张是非常正确的。

认知工具理论与进化心理学在关注人类思维以及强调认知科学在解释人类独特性时的重要性这两方面完全一致。但是，进化心理学，至少是“高教会派进化心理学”，主张外力塑造了并将继续塑造人类心智，在这一点上认知工具理论与其完全不同。大多数进化心理学家主张、断言或仅仅假设遗传进化是人类心智的建筑师。根据“认知本能”的观点，独特的人类思维方式存在于“我们的基因中”。一个刚刚降生的婴儿在进入这个世界的时候并不能理解因果关系或具有完整的心智图，也无法使用完整的句子进行交谈。但是他（她）的基因中有让他（她）能够在后天发展这些能力的程序，使他（她）能够在几乎不需要外界任何帮助和学习的情况下，构造人类特有的认知机制，比如逻辑理解力、心智图和语言能力等。这一观点认为，婴儿成长的外部环境所起到的是“触发”或“唤起”认知发展的作用，而非像认知工具理论所说的，起到的是塑造或构建独特的人类思维方式的作用。

三、文化进化论

认知工具是一种“外力论”，而非“叙事论”。它包括迄今已知的人类进化年代表（见第 9 章），但其主要关注的是塑造了人类心智的过程，并将学习（特别是社会学习）和文化进化作为焦点。认知工具理论在解释人类生活的独特性时强调社会学习及文化的重要性，这在某种程度上与文化进化论（Lewens，2015）类似。

当代文化进化论兴起于 20 世纪 80 年代（Boyd and Richerson，1988；Cavalli-Sforza and Feldman，1981），其思想基础则是在之前 20 年里形成（Campbell，1965；1974），它坚决反对被政治因素利用和玷污的维多利亚时代的“社会达尔文主义”。但如今，无论是政治组织还是教会对于现代主义理念都更加包容（见第 2 章）。文化进化论者都相信，人类进化（即随时间的推移在某一特定人群中某些特性分布的变化）不仅可以通过遗传，还可以通过文化传承实现。这些特性或“种群特征”出现的频率，不仅会因为它们通过遗传机制传递给生物学后代的可能性的高低而出现增减，也会因为它们通过社会互动传递给文化传承者的可能性的高低出现增减，这个文化传承与其文化上的父母可能存在遗传关系，也可能不存在遗传关系。

当代文化进化论与认知工具理论的关键差异在于在这两种理

论中可观察到的种群特征。迄今为止，文化进化论常见于对可见行为及人工制品的研究。例如，该理论曾被用来解释在特定群体中小型家庭所占比例在一定时间内的变化趋势，或特定群体中某种特殊鱼钩的使用频率随时间推移的变化与发展。与之相反，认知工具理论则将文化进化论用于对思维机制，即掌握并控制行为的心理过程的研究。举个例子来说，认知工具理论试图解释，在某个特定群体中，能够推算出跨越未知区域的捷径（心智图）或思考某件工具的工作原理（因果理解），又或者具备复制他人面部表情的能力（模仿）的人所占比例随时间的推移产生的变化。认知工具理论为“是什么让我们如此独特”提供的答案所关注的并非心智的“谷”，比如“我们做什么”，而是心智的“磨”，即心智的运作方式（Aquinas，1272；Heyes，2012a）。

当关于人类独特认知机制的起源等诸多问题出现时，即便是最具热情和先进理论的文化进化论者也会开始变得像高教会派进化心理学家。这些文化进化论者，在复杂数学模型分析的支持下，恐怕会非常坚决地否认遗传机制是人类行为（“谷”）进化发展的根源，但同时又在毫无根据或在仅有微薄证据的前提下假设独特的人类认知机制（“磨”）是由基因塑造的。

在涉及推动文化传承的认知机制（这些机制统称为社会学习或文化学习）时，这种并置尤为凸出（见第4章）。当代文化进化论提出的观点一目了然（如图1.1）。也就是说，遗传进化赋予人类文化学习的机制，通过对这些认知本能的使用，人类从自己的聚居地或所处的社交群体中学到了赖以生存的大部分内容。这不

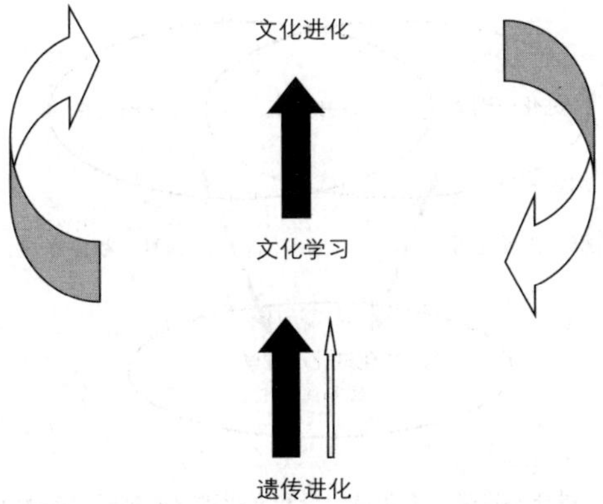

图 1.1　遗传进化、文化学习与文化进化之间的关系。进化心理学及文化进化论均暗示遗传进化产生了文化学习，而文化学习推动了文化进化（深色箭头）。相反地，文化进化心理学则提出，遗传进化只在文化学习形成初期做出了微薄的贡献。推动文化进化的机制本身就是文化进化的产物（浅色箭头）

失为一个简洁的观点，然而我认为这与认知科学提供的证据相悖。那些证据表明在人类独特的认知机制中，参与社会学习的部分不仅是文化进化的过程，也是文化进化的产物。

综上所述（图 1.2），认知工具理论对“是什么让我们如此独特”这一问题给出的答案与进化心理学中借鉴认知科学以人类思维为研究目标类似，也相当于文化进化论，强调社会学习作为推动人类进化的力量的重要性。然而，这两种理论在解释独特的人类认知机制是工具而非本能，是文化产物而不是遗传进化的方式上却是截然不同的。鉴于这些异同点，认知工具理论代表了进化心理学和文化进化论的发展，在此我称之为“文化进化心理学”。

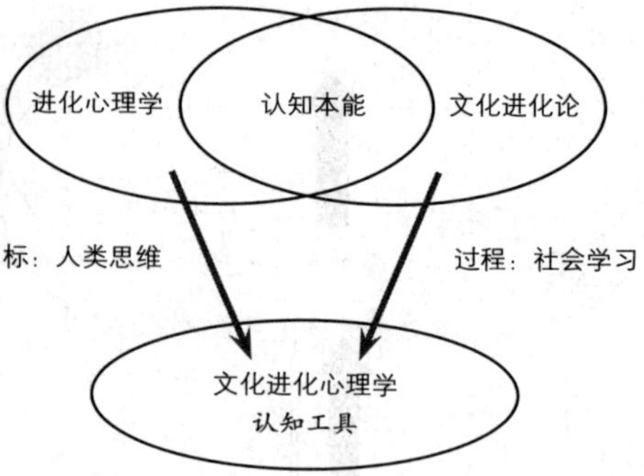

图 1.2 进化心理学、文化进化论和文化进化心理学之间的关系

四、同行旅人

尽管认知工具理论与进化心理学、文化进化论在独特的人类思维机制的起源这一问题上观点不一致，我却并不是唯一一个在荒野中喊出“是文化改变了我们的思维方式”的人。对于很多社会人类学家，特别是对那些自称“文化心理学家”（Shweder and Sullivan，1993）的人而言，这是他们研究的基本原则。这些学者认为思想的各个方面均与其所处的文化环境相互依赖，以至于达到与环境不可分割的程度。在直接接触非西方文化并具有丰富经验的研究人员中，这种观点为认知工具这一假说提供了有利证据和支持。然而，文化进化心理学植根于认知科学和进化理论，背离了文化心理学以及大多数社会人类学家采用的研究模式。例如，文化进化心理学对那些典型的人类特征以及这些特征在个人和群

体间的各种变体情有独钟。另外，文化进化心理学也不寻求区分与生俱来与后天养育（见第 2 章），或对我们日常的本体知识体系进行调整，心智在其中与周围世界进行相对独立而又持续的互动（Greenwood，2015）。

其他倡导“是文化改变了我们的思维方式”的呼声来自跨文化心理学，在这一领域中，许多研究人员利用认知科学以及跨文化的行为任务实验，不仅发现了典型的人类不同群体的心理特征，同时还发现了让人颇感兴趣的组间变异模式（Haun, Rapold, Call, Janzen and Levinson，2006；Nisbett，2010；Shiraev and Levy，2014；Winawer et al.，2007）。跨文化心理学可以被称为一种方法论，而不是一个自带理论框架的研究项目。如此一来，文化进化心理学与跨文化心理学之间具有显著的协同潜力，即由前者提供理论，后者提供证据。

在有关人类独特性的逻辑地理学研究领域，最接近认知工具理论的是巴雷特（Barrett，2017）、丹尼特（Dennett，1991）、卡米洛夫-史密斯（Karmiloff-Smith，1995；2015）和托马塞洛（Tomasello，2009;2014）提出的理论。巴雷特的“情感构建学说”的研究焦点是情感而非认知，而且并没有明确提及文化进化，而是同认知工具理论一样，植根于认知科学并强调社交在塑造人类思维过程中的重要性。丹尼特在解释意识的“多重草稿”模型时仅暗指而未明确地说明文化进化不但可以塑造认知机制，也是认知的产物。卡米洛夫-史密斯的“表征重述”理论并未提及文化进化，但在认知科学框架内前瞻性地尝试明确社会文化经验何以能生成新的认知机制。最后，与认知工具理论类似，托马塞洛的“共享意向假说”是对“是什么让我们如此独特”这个问题的直接回答，关注文化传承的心理过程，强调认知发展中通过社会互动进行学习的重要性。然而，这个共享意向假说旨在寻求人类的独特性（“共享意向”）的唯一心理学根源，而不是一系列人类独特的认知过程（如心智图、对因果关系的理解、模仿等）。该假说在理论上、经验上都植根于维果茨基（1896—1934，苏联心理学家）的心理学，而非认知科学，并且该理论似乎也假设人类通过遗传继承了非常明确的文化学习倾向。如果这种理解正确的话，共享意向假说则与文化进化心理学不同，它意味着我们的想法取决于文化学习，但我们的思维方式是由基因决定的。

为何是现在？

在文化进化心理学中，认知工具理论的核心观点是：人类在婴幼儿时期的社会互动产生了新的认知机制，它改变了我们的思维方式。由于社会互动研究与认知机制研究两个领域几乎没有交集，直到近期我们仍然很难对这个假设进行评估。社会心理学家研究群体和个体的互动，但对认知机制没什么兴趣。另一方面，认知心理学家只对认知机制感兴趣，并将他们的理论应用于非社会性问题，比如，独处一室的（或有独处可能性的）某个人在看到一件物品时回想起过往，或开始在键盘上打字，又或者起身去寻找房门。自 20 世纪 90 年代开始，这种局面发生了迅速而彻底的改变。社会认知神经科学的诞生将社会心理学、认知心理学和发展心理学联系起来，并利用脑成像技术，使自己成为目前自然科学中最具活力也最容易获得经费支持的研究领域之一（Blakemore, Winston and Frith，2004；Lieberman，2007）。社会认知神经科学首次实现了对互联网社会互动控制机制的进一步了解，并探讨了社会互动在其中的作用。

例如，社会认知神经科学家们利用数学模型与脑成像技术等手段发现，人类社会学习和教学行为中的很多机制都具有深刻的进化根源。人类的社会学习和教学这两种行为的核心，与所有脊椎动物以及多数无脊椎动物用来了解事件之间的预测关系的基本机制相同，也与使蜜蜂能够记住特定颜色的花朵会产生更多的花蜜，使鸟儿们知道用喙以一定的角度和力度敲击贝壳就可以将其打开的关联或统计学机制相同。这意味着，在许多情况下，人类特有的思维方式并不像我们想的那样新奇闪亮，它们的构成其实非常古老，因此往往并不需要艰难的提升过程，仅依靠遗传进化的微调就足以得到发展（见第 3 章）。

认知心理学家早在社会认知神经科学爆发式发展之前就已经对阅读或识字能力开展研究，而脑成像技术显著地证实了阅读训练可以重塑认知系统。这种转变为文化进化心理学的核心原则提供了依据：它证明了新的认知机制，特别是与文化学习相关的新机制可以由文化进化产生（Heyes，2012a）。首先，阅读是一种极为强大且独特的人类文化学习形式，一种能够使具有识字能力的人获得大量前人积累的信息资源的认知过程。其次，很显然，阅读是由文化进化产生的。书面语言仅有五六千年的历史，相对于整个人类进化史而言，这短短几千年不足以完成与阅读相关的认知机制的遗传进化。

我们也通过一系列的实验对具有正常识字能力的成人和有不同程度脑损伤的患者在处理文字时的速度以及出现错误的形式进行了测量和对比，以此对与阅读相关的认知机制有了更加深入的了解。根据最有名的理论之一“双通路级联模型”（dual route cascaded model），上述实验获得的研究数据意味着每个具备阅读能力的被试者从看到字母串到将字母串连成词朗读出来，都有独特的认知路径（图 1.3；Coltheart, Rastle, Perry, Langdon and Ziegler，2001）。每一条路径（用箭头表示）以及它们的一些组成部分（用方框表示），都是通过学习阅读这一过程构建的。即使某个组成部分在识字训练之前已经存在，路径构建也会改变它的运行方式。

脑成像技术也被用来检测识字训练引起的脑部变化的程度和规模。脑成像结果显示，相对于文盲，具有读写能力的人在看到语句时大脑皮层中大块区域的反应更为活跃（Dehaene et al., 2010）。这些区域包括参与相对低水平视觉信号处理的右侧枕叶皮质，以及枕颞皮质的焦点区域。后者因其在每一个具有识字能力的被试者看到书面文字后都表现出可靠的反应，因此被称为视觉词形区（VWFA）。假如有人不知道阅读是由文化传承的，他就很容易把视觉词形区的可靠反应和精准定位误认为是阅读能力依赖认知本能或“先天模块”的标志。

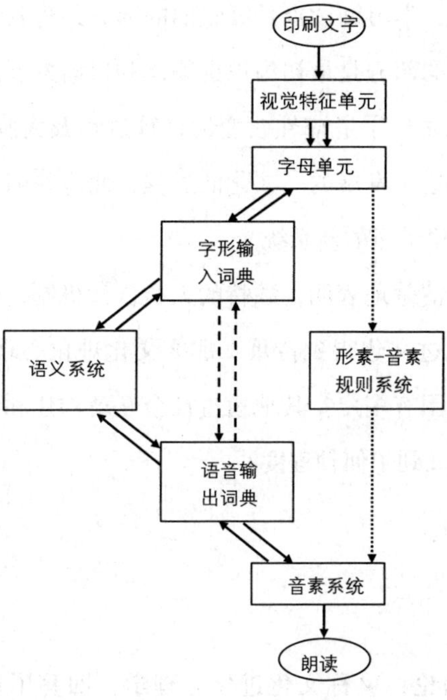

图 1.3　朗读行为中的双通路级联模型。词汇语义路径（实线箭头）首先从字母到印刷文字形式的心理词典（字形输入词典），然后到一个可编码词义的语义系统，之后到一个储存与单词相关的语音信息的语音输出词典，最后到达音素系统。词汇非语义路径（虚线箭头）则绕过语义系统，但使用字形输入和语音输出两个单元。而“形素-音素”路径（虚线箭头）甚至绕过这些单元，允许人们看到的字母激活音素直接发声
（经美国心理协会许可改编自 Coltheart, Rastle, Perry, Langdon and Ziegler, 2001）

因此，学习阅读对神经认知系统有着重要且建设性的影响。当然，它并不是从无到有地去创建一个新系统。与其他遗传和文化适应过程一样，学习阅读也是吸收旧的部分并将其重塑成一个新系统。这些旧的部分是最初为识别物体和口语发展所需，通过遗传与文化传承做出了适应性改变的计算过程及大脑皮质区域，但正是识字训练这个发展的、文化的过程，使这些旧的部分成为一个专门进行文化学习的新系统。

阅读的例子清楚地表明，独特的人类认知机制，包括文化学习机制，可以通过文化得到传承。那么文化进化心理学家会问：这种文化传承范围有多广？其他通过社会互动构建和继承的独特的人类认知过程又到了何种程度？

小结

认知工具理论，又称文化进化心理学，回答了这样一个问题：是什么让我们如此独特？它是一种外力理论，而不是关于人类进化的叙事理论，该理论在关注心智方面类似于进化心理学，而在强调社会学习和文化对人类特性塑造的重要性方面又与文化进化论类似。然而，文化进化心理学不同于进化心理学和文化进化论，它提出，文化进化构建了独特的人类认知机制，即思维方式。它们是认知工具而非认知本能，是通过整个童年的社会互动被组装、调整的心智技术。诚然，人类心智的某些组成部分和构建推动力是遗传的，但事实上人类心智的设计者是作用于文化的自然选择，而非遗传、变异。一直以来，我们学到的理论告诉我们，思维技术使我们如此独特。而那些思维技术并不“存在于我们的基因中”。近年来，社会认知神经科学的出现使文化进化心理学在人类进化研究中得到了及时的发展，对识字能力的深入研究也为该理论的核心观点提供了证明。

要认真对待文化，我们需要重新思考与生俱来（先天）与后天养育（后天）之间的区别。第 2 章主要关注先天–后天这一话题，并深入探讨文化进化的意义，为文化进化心理学打下基础。

第2章

与生俱来、后天养育和文化影响

人类行为和认知的各方面发展是由一系列纷繁复杂的因素共同决定的。即便是面对威胁时的战斗或逃跑这样简单的应激反应，它的发生与发展也取决于DNA序列（基因）、表观遗传标志物、环境影响（如威胁刺激、亲代抚育、营养）等多重因素之间复杂的相互作用，以及上述因素共同影响下的个体神经内分泌系统所处的状态（Loman and Gunnar, 2010）。人类发展进程中充足的互动复杂性清楚表明，认知与其他生理系统一样，并没有绝对的先天获得或后天形成的严格区分，也就是说，没有任何一种生物学特征是单纯由基因或环境产生的。

由于缺乏这样的案例，一些学者认为应该舍弃对先天还是后天的争论，但这根本就是无稽之谈。一块蛋糕的成分绝不仅仅取决于配料，也不完全依赖于烤箱的设置，但搞清楚不同配料和烤箱设置如何影响蛋糕的外观、风味和口感以及影响的程度依然是有意义的。同样，尽管每一种生物学特性都是先天与后天共同作用的产物，但对于任意一种特征，了解先天与后天对其发展的影响和作用途径仍然是重要且值得的。事实上，回答这些问题，可以说是发育生物学和发展心理学的核心任务之一。

尽管如此，那些质疑将先天与后天、把与生俱来的特征和后天养育获得的特质进行对比的研究者仍然强调两个真实存在且互补的风险。一方面，对发育过程的解释存在被不同发育系统中错综复杂的因素淹没的风险。除非我们有非常好的理由说明某些因素较其他因素更重要，否则，以这种方式解释发育就如同使用刘易斯·卡罗尔（Lewis Carroll）* 笔下那张比例尺为 1∶1 的虚构地图，笨拙且无法深入了解或筛选所需的信息。另一方面，在我们试图将其简化并生成一幅可用来选择性地呈现发育过程的重要特征的地图时，必须保持谨慎，不能随意将某些因素凌驾于其他因素之上。这在 20 世纪的行为科学研究中经常发生。随着研究的钟摆从本能论（Guo，1922）转向行为主义（Watson，1930），又经过经典行为学（Lorenz，1965；Tinbergen，1963）和社会生物学（Wilson，1975）回到高教会派进化心理学，行为学家们的研究核心也由最初的遗传因素转移至环境影响，最终又将基因重新提上研究日程。这一系列的历史转变并非反复无常。举例来说，行为主义的兴起是由当年美国教育改革面临的政治压力促成

---

* 刘易斯·卡罗尔（1832—1898），英国数学家、逻辑学家、童话作家、牧师、摄影师，著有《爱丽丝漫游奇境》。——译者注

的，而后乔姆斯基对斯金纳的语言理论的批判则加速了行为主义的衰落。然而很难讲这些历史转变完全是对新的经验发现或者是对认知发展中遗传因素和环境因素间相互作用的更好思考方式的理性反应。它们更像是格式塔开关*，研究认知发展的科学家在其中有时看到的是代表遗传因素的“鸭子”，有时看到的是代表环境控制的“兔子”（图 2.1；Kuhn，1962）。

在生物学前期工作的基础上（Lorenz，1965；Maynard-Smith，2000；Plotkin and Odling-Smee，1981），并结合对当代“新先天论”类型的进化心理学（Griffiths，2017）的密切关注，一些科学哲学家找到了一个可以避开过度复杂与武

图 2.1　是鸭子还是兔子？

*　格式塔是 Gestalt 的音译，意为“整体”。格式塔心理学是西方现代心理学流派，该流派起源于德国，后在美国得到发展，主张知觉具有一种结构图式，而在一个给定的、多个图式共存的视域中，只有一个图式在给定的瞬间可以感知到。——译者注

断偏见的方法。该方法使用类似存在语义论的信息学概念来区分影响发展的主要与次要因素，并对遗传和环境因素的作用进行比较。[1]本章前半部分概述了存在语义论及文化进化研究的进展。后半部分则解释了文化进化中最彻底的进化方式——选择论怎样被应用于行为、人工制品（“谷”）和认知机制（“磨”）的研究中，并由此阐明其被用于文化进化心理学研究的方式。

生物信息

信息的概念被广泛应用于当代生物学和心理学领域。这一概念不仅被用于解释整个生物体的感知、思考、示意及语言使用等行为，还可用于解释单个神经元的发射模式、细胞内的生物学交流过程，以及无处不在的 DNA 序列；其中基因可以被理解为“携带信息”或者就是一串“代码”。在大多数情况下，“X 携带关于 Y 的信息”的意思往往仅限于“X 与 Y 有关”。在这个“香农”*式的信息概念（Shannon，1949）中，烟雾携带着关于火的信息，这是因为二者往往一起出现，同样，如果一个人在见到詹妮弗·安妮斯顿的照片时神经元会发射信号，而见到其他公众人物的照片时不会，那么我们可以认为这个神经元携带了关于詹妮弗·安妮斯顿的信息（Quiroga, Reddy, Kreiman, Koch and Fried,

---

* 香农（Claude Shannon，1916—2001），美国数学家、密码学家、信息学家。——译者注

2005）。香农的信息概念具有一定价值，但是这个概念本身并不足以作为生物系统发育研究的指南。单独使用香农的信息概念会给发育过程引入过多其他因素。就好像一棵树的年轮，由于其年轮的数量、大小与树的生长条件相关，因此按照香农的理论，年轮携带着关于树龄的信息，然而年轮本身在树的生长过程中并没有起到任何重要的作用。类似的，孩子们在练习精准抓握能力，也就是练习使用拇指和食指捏住并提起物体时，通常要经历几个阶段，掌握捏的动作和提的动作的相对时机（Forssberg, Eliasson, Kinoshita, Johansson and Westling，1991）。这些阶段与儿童的年龄相关，因此携带着所谓的“香农信息”，但某一发展阶段的捏与提的相对时机是否有助于后一阶段捏与提的相对时机或精准抓握能力的其他方面的发育，目前尚无定论。

存在语义论的信息概念则是建立在香农的概念之上的（Millikan，1984；Shea，2013；Sterelny, Smith and Dickison，1996）。该理论的核心观点是，在与发育结果相关并因此携带“香农信息”的所有因素中，真正携带信息（或“表现”、“编码”或“携带”意义）的是那些由于达尔文选择过程产生关联的因素。更具体地说：证明某一生物结构 X 携带着关于 Y 的信息的前提是，只有当 X 的状态与 Y 相关，且 X 被选择（也就是被保存并传给后代）是因为其状态与 Y 相关。那么以存在语义论的观点来看，上文中提到的神经元反应则不能被认为是携带了詹妮弗·安妮斯顿的信息，因为詹妮弗·安妮斯顿不是这些神经元进化环境中的一部分。她并没有出现在几百万年前神经元以及神经可塑性的基本机制发生进化的时候。她也不存在于几十万年前人类特有的神经可塑性机制发生进化的时候。因此，尽管促进神经元发育的过程无疑是与时俱进的，但它们进化的原因并不是要产生对詹妮弗·安妮斯顿有反应的神经元。这些神经元存在的目的或功能并不是在看见詹妮弗·安妮斯顿的照片时发射信号，因此，这些“詹妮弗·安妮斯顿神经元”在存在语义论意义上并不代表或携带关于詹妮弗·安妮斯顿的信息。

存在语义论观点有助于在解释认知发展时避开过度复杂和武断偏见。该理论从进化的角度指出某些发育因素较其他因素更为重要。从近似因果关系的角度来看，见到詹妮弗·安妮斯顿的照片在詹妮弗·安妮斯顿神经元的发育中是非常重要的，然而从进化角度分析，也就是当我们的目的是解释人类认知中深层的历史根源时，詹妮弗·安妮斯顿可以被排除在外。[2]

存在语义论观点的另一个主要优点是：它为我们提供了一个用来比较遗传和环境对发育的影响的统一标准（Shea，2013）。我们习惯于从信息的角度思考环境对发育的影响及作用。水蚤在接触与捕食者有关的某种化学物质后长出了防御外壳，我们便很自然地说水蚤“察觉”或“发现”捕食者就在附近。同样，当一只猫开始在每一天的同一时刻出现在猫粮碗旁边时，我们也会很自然地说猫“知道”喂食时间到了。存在语义论观点允许发育中的遗传因素可以和环境因素一样通过信息化的方式被理解。例如，鸵鸟生来就在其会与地面接触的皮肤表面长有胼胝，那么我们可以说鸵鸟“知道”在哪里长胼胝。这样说是有存在语义论依据的，换言之，鸵鸟的基因组中之所以具有可遗传的能够促进胚胎内胼胝发育的生物结构，是由于这一特征是经过自然选择被保留下来的。从原则上讲，携带关于在何处长胼胝这一信息的外来信号很可能来自环境，这在鸵鸟进化的某个阶段很可能发生过，但现在这个信息来自遗传。因此，在鸵鸟的发育过程中，这是受遗传而并非环境影响的。[3]

但是基因组不是唯一的遗传信息库，复制 DNA 序列的机制也并不是生物在繁衍过程中将信息从一代传到下一代的唯一方式（Jablonka and Lamb，2005；Uller，2008）。在过去的 25 年中，我们已经清楚地了解到，在众多植物和动物中，对发育有稳定影响的信息可以通过表观遗传，也就是不涉及 DNA 序列改变的染色体变化，从一个生物体传递到另一个生物体。然而，对于人类进化更为重要的是，我们已经开始逐步认同文化传承或文化进化是塑造人们认知和行为的主要力量（Henrich，2015；Lewens，2015；Morin，2015；Tomasello，2009）。我们通过社会互动（通过某种社会学习）从他人那里继承的信息对发育的影响如此之大，以至于以这种方式获得的信息即“文化”，与与生俱来（遗传信息）和后天养育（由发育系统与其环境直接互动而获得的信息）被并列视为人类发展的决定性因素。

文化进化

文化进化的推动力是多层次的，可大致分为历史层面、群体层面和选择论层面（Brusse，2017；Godfrey-Smith，2009）。其中影响力最弱的文化进化指的是随时间推移而发生的某一群体内的“文化”特征的改变，这里的特征指的是使该群体区别于其他群体的特征。这种非常松散的文化进化概念只是在有些时候被企业管理者或政客引用，当代科学研究者并不使用这个概念。这一说法几乎将任意群体间的不同特征均视为文化上的差异，称其“历史”则是因为它仅将进化视为“随时间推移而发生的改变”。

群体层面的文化进化则更有趣。它假设大规模的变化，如某一人群中使用特定技术的人口的分布模式或某种食物的消耗情况，可被理解为诸多社会学习事件的集中体现，例如某些人从其他人那里学习并掌握了某种技术或食用某种食物的方法。从 20 世纪 80 年代开始，生物学家、数学家和人类学家就开始了群体层面的文化进化研究（Cavalli-Sforza and Feldman，1981），如今，越来越多的来自同一学科的研究者仍在继续该研究。笼统地讲，这些研究者可大致分为两派（Clarke and Heyes，2017；Sterelny，2017）：由罗伯特·博伊德、彼得·里奇森和约瑟夫·亨里奇领导的加利福尼亚学派，他们强调遗传和文化进化相互作用的重要性（Richerson and Boyd，2005；Henrich，2015）；由丹·斯佩贝尔领导的巴黎学派（Atran，2001；Morin，2015；Sperber，1996）则将文化进化视为相对于基因变异更具自主性。与历史层面的概念不同的是，群体层面的文化进化概念将文化特征限定为那些需要通过某些社会学习获得的特征（见第 4 章）。群体层面的概念也在以下三个方面比历史层面的概念更具“进化性”。

第一，与高教会派进化心理学一样，群体主义者认为社会学习（至少是可以推动人类群体发生大规模变化的社会学习行为，通常被称为“文化学习”）建立在一系列认知本能的基础之上。群体主义者通常认为是作用于遗传变异的自然选择为人类提供了一套专门用于向他人学习的心理机制，或称“学习偏向”。这些机制不同于那些让我们能通过与环境进行独立的互动来学习（比如通过摆弄机器找出其工作原理）的机制，而且在大多数情况下也不同于在其他动物中发现的社会学习机制（Henrich，2015）。

第二，加利福尼亚学派的群体主义者非常关注遗传进化是如何与文化变迁互动的，是“双重继承”还是“基因-文化协同进化”。这种协同进化发生在某一群体的社会学习特征的变化引起遗传特征改变（或相反）的时候。基因-文化协同进化的经典案例是乳糖耐受性（Holden and Mace，2009）。在不同地区的不同人群中，婴儿及成年人对牛奶中的乳糖的消化能力有非常大的差别。乳糖耐受在欧洲和西亚很普遍，但在远东地区很少见。人们普遍认为乳糖耐受能力的这种分布模式源于一系列历史事件的发生，比如历史上的某些部落首先开始奶牛养殖，这使牛奶成为丰富而稳定的营养来源。这意味着在这些群体中，那些拥有乳糖耐受基因的人能够在成年时消化乳糖并一生利用这种资源，他们比缺乏这些基因的人在繁衍后代时更有优势，有更多的后代。随着乳糖耐受人口比例的增加，对乳制品的需求也相应增加，进而促进乳品制造业的发展。正因如此，通过社会学习继承的特征——乳制品生产，促进了遗传特征——乳糖耐受性的传播，后者反过来促进了乳制品生产的传播。

第三，文化进化的群体主义概念是方法论层面上的进化观点：它借用了遗传进化研究的技术，将最初应用于群体遗传学的数学模型应用于对社会学习特征的分析。这些模型被用来研究文化学习有可能发生进化的条件，以及遗传进化和文化进化在不同的假设前提下可能发生相互作用的方式。由此可见，以群体主义的观点来看，文化变迁正是由于其与遗传进化的相互依赖而具有进化性的，这是因为文化变迁：（1）可通过遗传心理机制实现；（2）持续与遗传进化相互作用；（3）可用最初由遗传学家开发的数学工具进行分析。

最具影响力的文化进化概念是选择论，或称“达尔文主义”。它假定文化变迁不仅与进化改变相互依存，文化变迁本身也具有达尔文式的进化性；达尔文进化论或自然选择发生所需的条件存在于文化领域。这些条件是由选择论的先驱之一唐纳德·坎贝尔（Donald Campbell）* 描述的：

第一，一个“盲目变异、选择性保留”过程是所有引导性成就、所有真正意义上的知识增长以及所有系统与环境的契合度的增加的基础。

第二，在这个过程中有三个要点：（1）引发变异的机制；（2）贯穿一致的选择过程；（3）保存和（或）传播被选中变异的机制。（Campbell，1974：421）

---

*　唐纳德·坎贝尔（1916—1996），美国社会心理学家、进化哲学和社会科学方法论的重要思想家之一、进化认识论的奠基者。——译者注

选择论认为，在文化领域中，以上三个“要点”中的最后一点是由某些社会学习行为实现的，也就是说其中的继承机制是文化层面而非基因层面的。引发变异的相关机制，即文化意义上的基因突变，是社会学习中产生错误或创新的推动力。例如，一个新的文化变异的产生很可能是由于一个人或一群人在向他人学习的过程中犯了错误，或者尝试通过自己的努力去改善通过社会学习获得的技术（比如故意或误打四个绳结而不是三个绳结去固定鱼线），或者将来源不同的信息整合（比如在观察某人打了三个 A 型绳结，另外一个人打了一个 B 型绳结之后，学习者打了三个 B 型绳结）。

将上文中的第二个要点描述为一种对“选择过程”的需要会产生误导，因为“选择”和“选择过程”两个词经常被用来描述当三个要点全部得到满足时会发生的情况。因此，在此处，让我们将其改称为“非目的性选择机制”（Amundson，1989：417）。这种选择过程可导致一些变异比其他变异存在得更长久，或被复制的次数更多，并且是在没有主观预见性或智能参与的情况下达到这些效果的；这种选择过程本身无法区分哪些变异更有可能有用或具有适应性。就文化而言，这些选择过程可能包括让某些行为比其他行为更有利于观察、学习或记忆的个体内在心理过程，以及使具有某种习惯（比如使用四绳结鱼线）的人比具有其他习惯（比如使用三绳结鱼线）的人更容易生存和繁衍的人际或群体间的过程。

坎贝尔关于文化进化的选择论概念（1965；1974）建立在达

尔文的观点（1871）之上，即相同语言中同一词语的不同形式存在各种自然选择，建立在卡尔·波普尔（Karl Popper）* 提出的科学理论“为适者生存而斗争”（1962：68）的观点之上。普洛特金和他的学生们也是这一概念的追随者（Heyes，待刊；Plotkin and Odling-Smee，1981；Mesoudi，2011；Mesoudi, Whiten and Laland，2004），他们中的大多数人并不在加州，但在学术信仰方面仍属于加利福尼亚学派。加利福尼亚学派的其他成员也在一定程度上尊崇这一概念。[4]

20 世纪 80 年代末，道金斯（1989）和丹尼特（1990）提出了一种非常独特的选择论观点。他们创造了“文化基因”（memes，也译作“觅母”）一词来指代文化变异（通常被理解成观念或信念），而这种方式也被称为“文化基因论”（Blackmore，2000）。与其他选择论理论不同，文化基因论认为文化进化是由于“文化基因”的存在才发生的。在其他理论中，个体或社会群体是“适应性的持有者”：文化变异的增殖速度是由人群经历（学习、记忆、合作、斗争）决定的，同时取决于个体及群体的繁殖速度（比如养育后代或是分裂成两个甚至更多相似的群体）。在文化基因论中，文化变异本身是适应性的持有者。某个文化基因的传播主要靠该文化基因自身的特点（一个煽动性或强或弱的想法，一首上口或拗口的歌曲），而不需要靠携带该文化基因的个体或群体的繁衍（Sperber，2000a；Sterelny，2006）。

---

* 卡尔·波普尔（1902—1994），英国哲学家。——译者注

“文化基因”本身就是一个非常成功的文化基因。这个词本身及其核心思想——观念通过竞争将自己复制到尽可能多的头脑中——已经成功俘获了公众的想象。然而，大多数科学家和哲学家都质疑这一概念是否足够严谨或具有足够的实验证据支持，使其足以作为课题研究的理论基础（Lewens，2015）。

图 2.2 显示了关于文化进化的不同概念之间的关系。群体层面的文化进化概念被嵌套在历史层面的概念中，它将文化进化当成进化，不单单是因为文化进化涉及时间的变化，还因为文化变迁可以与遗传进化相互作用，并且能用来分析文化变迁的数学工具与分析遗传进化所用的工具类似。选择论观点则嵌套在群体概念中。其独特的、进化的主张是：自然选择或达尔文选择——变异和选择性保留——的发生条件在文化领域中同样存在。

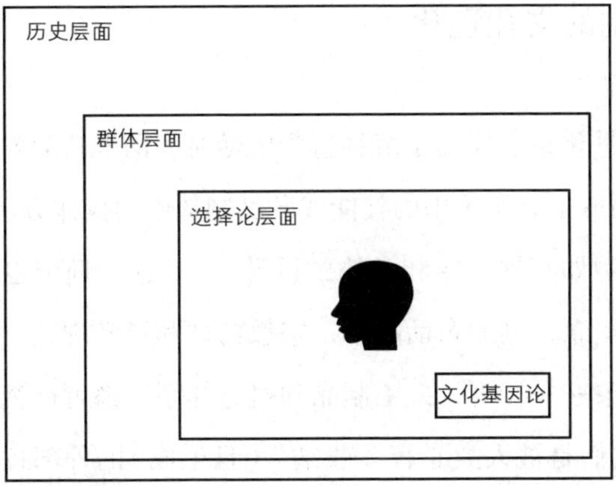

图 2.2　文化进化的纯粹历史层面、群体层面和选择论层面的概念之间的关系。认知工具理论（由一个头部图标表示）采用了选择论但非文化基因论的概念

碰巧，许多当代选择论者，包括一些文化基因论者都认为文化学习建立在遗传适应的基础上，他们不仅将基因-文化协同进化视为常规事件，还使用群体遗传学的数学模型对文化变迁进行分析。然而，选择论观点并未将遗传和文化进化之间的关系限定为一种密切或持续的因果关系。在本书中，我采用了一种“坎贝尔式”的选择论概念（Campbell，1965；1974）。这一概念假设遗传和文化进化是基于相同的、基本的探索步骤——变异和选择性保留，同时采纳群体层面的假设，即大规模的文化变迁是一系列社会学习事件的综合结果。然而，这也暗示，文化进化并没有受到严格的“基因控制”（Lumsden and Wilson，2005），相对于遗传进化，文化进化是高度自主的。文化的很多具有深刻意义的作用既没有对遗传进化产生影响，也没有受遗传进化影响。

认知机制的文化进化

文化进化论主要用于解释行为中随时间的推移而发生的变化（例如，制造工具所采用的技能或乳品制造中的操作方法）以及人工制品（例如石器、船和鱼钩的设计）。[5] 这一理论也被应用于分析抽象概念，例如童话故事、宗教信仰和科学理论。所有这些被解析对象——行为、人工制品和概念体系，都可被视为认知的“谷”，它们是被人类心智“收纳”（且生成）的外部社会的组成部分。文化进化心理学将分析从“谷”扩展到“磨”，也就是致力于碾碎“谷”的内部认知过程。这意味着文化进化论不仅可以阐明心智的具体作用，也能够解析其作用方式，即认知过程的运作方式。

群体层面的文化进化观点或许足以为独特的人类认知机制的起源提供一些深刻的解释，但事实上选择论的解释路径具有更大的潜力。当群体假设（大规模文化变迁是一系列社会学习行为的综合结果）与选择论观点（文化变迁可由“变异与选择性保留”推动实现）相结合时，文化进化论便可以对独特的人类认知机制的适应性进行解释：为什么在某些情况下，认知机制似乎适合它们所处的环境并运转得相当好。然而，选择论的解释路径要求严苛。为了将它应用于认知机制这样的新领域，我们需要对（1）正在发生进化的实体，（2）这些实体的继承路径，（3）为其提供继承系统的社会学习的种类，给出明确的假设。

一、变异

那么，如何将连续的行为划分成非连续的彼此分离的部分呢？某种行为以何种方式与“旧”行为达到多大的差异才能够称为“新”的呢？这些“统一化”或“个性化”问题非常重要，因为在能够用达尔文选择论解释的变化中，无论是基因层面还是文化层面，发生改变的事物必须是可以量化的。但是，以原则性强而又严谨的方式回应心理学中的“谷”（即观念与行为）的统一化是相当困难的（Brown，2014）。可以说，这也是为什么在经历30 年的概念上的发展之后，文化基因论仍没有被转化为一个实验研究课题，其假设也很少对观察和实验有所启发。

相对于对传统的文化进化分析目标，认知机制更容易处理统一化问题。观念和行为（“谷”）通常是由常识或民间心理学统一起来的，而它们并不适用于常规科学思考，尤其是进化分析。例如，想到天堂，我的脑海中是只有一个念头，还是对每一片云朵和每一位天使都有想法呢？如果我步行去商店，我是在做一件事还是在做锻炼肌肉、活动双腿、穿衣服、拎着购物袋这许多件事情呢？民间心理学并没有回答这些问题，也没有告诉我们应该如何解答。相反，认知机制（“磨”）是由认知科学统一的，因此在认知科学的大框架下，相同机制的不同表象（变异）是可以根据它们的作用及其作用途径、它们所处理的信息的种类以及它们用来处理这些信息的计算加以区分的（Heyes，2003）。

例如，一个“朗读机制”（如图 1.3 中所示的“路径”）能够将书写词句转换成语音。不同的朗读机制或许在其能够转换为语音的书写词句序列的范围上有所不同（例如，仅能转换可根据特定规则发音的单词，或者既可以转换规则发音单词，又可以转换不规则发音单词）。两种朗读机制也可能由于它们所处理的表达方式以及计算方法的类型不同而有所差别。“形素-音素”朗读机制处理的是感官表现形式，即文字的外观与发音的模糊的心理图像，而“词汇语义”机制还涉及对外部世界抽象的、结构化的表达方式（Coltheart et al.，2001）。此外，尽管民间心理学允许我的头脑中存在无限种对同一想法的不同表达方式（例如，脑海中各种“天使”或“云”的景象），但认知科学的基本框架规定，对于任一给定类型的认知机制，每个头脑只包含一种表达。大脑中可能同时存在一种形素-音素机制和一种词汇语义机制用于英语朗读，但根据定义，大脑不会同时包含两个哪怕差异微小的形素-音素机制。

因此，文化进化心理学认为独特的人类认知机制属于达尔文文化进化论的研究范畴。是认知科学而非民间心理学对认知机制进行了统一。在认知科学中，认知机制的定义是功能性的，也就是说，认知机制的特征与它所能处理的信息的种类，以及它用来处理这些信息的计算方法和表达方式有关。

二、遗传途径

基因遗传发生在父母和与他们具有血缘关系的后代之间，但从原则上讲，某一群体中的任意成员都可以从文化角度继承来自群体的其他成员的信息。文化传承的三条途径分别是纵向、斜向和横向（Cavalli-Sforza and Feldman，1981）。纵向传承是由父母到与其具有血缘关系的后代；斜向传承是从某个生物世代的个体到与其没有血缘关系或关系很远的下一个生物世代的个体（例如，传自学校教师、姑姑和叔叔）；横向传承则发生在同一生物世代的个体之间（例如朋友、同事和兄弟姐妹）。任一特定文化特征都可以通过这些途径中的一条或这些途径的任意组合来传承，而且每一条途径的重要性可能不仅会随被传承的特征的性质不同而变化，还会随着所处文化背景的不同而发生改变。例如，在当代西方社会，宗教信仰可能会比技术技能更容易发生纵向传承，而烹饪技能在某一文化背景下可能主要通过纵向传承，但在另一种文化中则主要通过斜向途径传承。

与信念和技能（“谷”）一样，不同认知机制（“磨”）之间以及同一认知机制在不同文化中，对文化传承的三条途径的依赖程度是不同的。不过，“分布式”模式，也就是三条途径都很重要，只是发挥作用时所处的发展时段不同，很可能是极为常见的。以心智解读为例（见第 7 章）。在当代西方社会中，思想和情感认同能力的基础很可能是在婴幼儿时期通过与父母（纵向途径）或与父母同辈的其他成员（斜向途径）互动而建立的（Lewis, Freeman, Kyriakidou, Maridaki-Kassotaki and Berridge，1996）。但是到了学龄期，当孩子们相互谈论心理状态时，或者到青春期和成年期，当人们继续对心理进行“现场”讨论并阅读小说（Kidd and Castano，2013）时，理解能力的发展则主要受同龄人（横向途径）和没有血缘关系的年长者（斜向途径）影响。

和心智解读一样，分布式模式很可能是社会认知机制中最为常见的形式，因为这些机制不仅是通过社会互动获取的，还会在整个生命周期中通过社会互动被使用和传播。例如，在重视心智解读的文化中（Duranti，2008），成年人在评论他人的思想和动机的时候就是在传播他们的心智理论。因为心智解读同时具备调控和预测功能（McGeer，2007），这些传播行为很可能会对听众的心智理论进行微调，从而增加同一社会群体中各成员所持有的心智理论的相似性。相反，因果逻辑——一种表达物理对象间特定类型的互动的机制——的发展或许依赖社会互动，但是因果逻辑与心智解读不同，对它的使用和传播不会像心智解读那样广泛存在于一生的社会互动中。因此，我可以有一个非常独特的从父辈或老师那里继承而来的因果逻辑机制，这一机制的运作方式对于那些每天与我接触的人来说是看不见的——我很少在身边有同伴时使用它，即便使用也不做评论，因此，这个因果逻辑机制不会由我传递给相识的人。

分布式传承通常会减少群体的内部变异。群体中的每个成员在逐渐变得相似的同时又逐渐不同于其他群体的成员。因此，当某种认知工具在某群体内以分布式的方式实现文化传承时，并且当该工具的成功取决于它所处的社会背景时，社会群体层面的适应反应才可能出现。不过理论上每个头脑中只存在一种表达工具，具有最强适应性的是最能够深化社会群体目标的认知工具。发生变异的认知工具的适应性可以通过对大部分或全部成员头脑中都具有该变异工具的群体的数量进行统计，并将统计结果与大多数或全部成员具有其他工具的群体的数量进行比较（或只是比较不同变异在全部人口中所占的相对比例——见第 9 章）。例如，尽管每个头脑只包含一种心智理论，但一种“荣誉”心智理论——在这种心智理论中对侮辱进行报复的欲望是重要动机来源——的成功可以通过比较（假设其他所有因素都相同）大多数或全部成员都具有荣誉心智理论的群体的数量和大多数或全部成员具有荣誉在其中影响很小甚至没有影响的心智理论的群体的数量来衡量。

纵向传承占主导的情况往往发生在如下情形中：某一认知机制的发展几乎完全依赖婴儿时期的社会互动，并且在文化上婴儿几乎只与亲生父母互动。原则上讲，一个纵向传承的认知工具的适应性可以通过比较具有该变异的人的后代（或“婴儿”）的数量和具有其他变异的人的“婴儿”的数量进行评估。换言之，认知工具的文化适应性与其持有者的生物、生殖适应性是一致的，个体而非社会群体才是适应的系统。

许多专业技能（“谷”）是通过斜向方式进行文化传承的。例如，在中世纪的欧洲，类似玻璃制造、石刻和皮鞋定制等手工技术都是通过师徒关系进行文化传承的，其中师傅是与徒弟的父母同辈的人。这种文化传承并不是本书所关注的重点，因为从进化心理学角度笼统地讲，文化进化心理学主要关注独特的人类思维起源，即以某种形式存在于如今的全部或绝大多数成年人中，却不存在或仅作为初始形态存在于非人类动物中的认知过程。它专注于那些让人类如此独特的、构成人性的认知过程（Samuels，2012；见第 9 章）。这类认知过程的变化形式，例如，略有不同的表示空间的方式以及不同的心智理论，有着非常重要的作用。正如坎贝尔理论中的第一个要求提醒我们的，变异是自然选择进化论的三个“要点”之一。仅存在于少数人中的认知类型，比如掌握皮鞋定制或微积分所需要的认知类型，不属于文化进化心理学的核心领域。这种只存在于少数人中的人类认知被纳入核心领域的前提是它们像识字能力一样，在近几十年全球人口中的普及率迅速提高。

三、遗传机制

遗传机制是达尔文选择论的关键要求。其中必须有可“保存和（或）传播被选中的变异”的相关机制（Campbell，1974），即可以使后代与其父母相似的机制。在遗传进化中，这类机制主要与 DNA 复制相关；在文化进化中，这类机制通常被称为社会学习机制（Boyd and Richerson，1985；Richerson and Boyd，2005）。某人通过学习从其他人那里获得某种行为或观念（“谷”），这样的社会学习经历在日常生活中是无处不在的，就好像我通过注意到你避开某种蘑菇的行为学会了怎样避免食用这种蘑菇，或是你告诉我如何揉面团做面包，又或者你给我讲述了希格斯玻色子这个理论概念。将这些社会学习经历和事件描述为“复制”或“传输”会给人留下社会学习完全类似于基因复制这样有误导性的印象，现在人们已经普遍认识到，社会学习几乎从来都不是一个仅仅将信息汇集后再对其进行简单复制和移动的过程。某些被界定为“文化学习”的社会学习，允许观念和行为以足够的保真度被传承下来以供选择，但它们无法以像 DNA 的复制机制那样完成传承功能。相反，就像我们将在第 4 章至第 8 章中看到的那样，允许某人从其他人那里学到某种观念或技能，并能够将其保存足够长的时间从而传给第三方的心理学机制通常是复杂且间接的（Heyes，1993；Morin，2015；Sperber，1996）。

此说揭示了一种可能性，即认知机制（“磨”）的特征得到文化传承的方式可以与观念和行为（“谷”）相同。某种认知机制当然不是一团可以在你的大脑中复制、经空气传播然后被完整植入我的大脑中的信息。但如果“谷”无法被复制，也同样没有理由认为“磨”可以被复制。相反，我们认识到，某些类型的社会互动，有时是在很长一段时间里与很多对象进行互动，会逐渐塑造一个孩子的认知机制，使其与周围的人相似。在第 1 章中讨论的阅读行为就是一个明显的例子。我们每个人都承认，儿童通常是被教会如何阅读的，识字训练可以生成新的神经认知机制，而我们并没有通过遗传继承任何特定的用于发展这些机制的倾向。文化进化心理学仅将注意力集中在：识字训练是一系列在正式和非正式场合下进行演示、发出指令、做出反馈和给予鼓励的社会互动，而且这些社会互动不但会形成对技能（“谷”）的继承，也会促成对认知机制（“磨”）的继承。如果通过在每个孩子的大脑中植入一枚“阅读芯片”来完成识字培训，那么阅读行为的文化传承将更像是瞳孔颜色的遗传，但这在保存和（或）传播被选中的变异方面并不一定是一个更有效的传承机制（Campbell，1974）。

实践中的“与生俱来、后天养育和文化影响”

存在语义论的观点为我们提供了一种可以用于比较遗传和环境对发展的影响的通用标准。对文化进化的研究表明，在解释人类发展时，我们不仅要考虑遗传信息，还要考虑文化传承信息。从传统意义上来说，基因对发展产生的影响被称为“先天”，而环境的影响被称为“后天”。那么采用传统说法，“文化”或文化传承信息作为第三种对人类发展产生影响的因素则同时具有先天和后天的特质。文化作为一种基于选择的遗传系统的产物“类似先天”，但是在发展过程中通过与（社会）环境互动而获得的文化又“类似后天”。

在实践中，我们如何才能把先天、后天和文化对认知机制发展的贡献细分开来呢？这当然不容易，但乔姆斯基（1965）提供了一个重要的线索，他认为由于存在“刺激贫乏”，语言学习必须由遗传的语法知识，即一种“语言获得装置”引导。换句话说，孩子们是不能只从环境中学习语法的，因为他们所处的环境无法给他们提供足够的正确信息。周围的人所提供的信息和对孩子试图学习说话的反馈都不足以（或者说“无法”）解释孩子是如何掌握母语语法的。我在本书第 8 章将从遗传的语言获得装置角度详细讨论这个观点的价值。与此处相关的是，乔姆斯基的论点可以概括为两种方式：从语言到其他认知机制，以及从刺激贫乏本身到刺激贫乏与“刺激丰富”的对比（Ray and Heyes, 2011）。因此，任何认知机制的发展都是以刺激的贫乏或丰富为特征，而贫乏或丰富的判断依据则是发展的环境是提供了太少（贫乏）还是至少足够（丰富）的可用信息用于解释认知机制的性质。

笼统地讲，贫乏与丰富的证据来自协变模式。刺激贫乏是指认知能力的发展无法可靠地随着环境因素的变化而变化，而刺激丰富体现为认知能力的发展与环境因素的强协变。贫乏是某个适应性认知特征的发展是依赖基因遗传信息（先天）的标志，丰富则是发展依赖广泛学习（后天）和（或）文化传承信息（文化）的标志。后天养育体现的是认知发展的变化取决于发展过程中环境特征的变化，取决于通过“无辅助”或“非社会学习”以及广泛存在于动物中的社会学习形式获得的信息的变化。文化体现的是认知发展随着环境的长期特征的变化而变化，这些特征可能并没有体现在某个具体个人的认知发展上，或只能通过某种社会学习（即文化学习）获得。（本书第 4 章对学习、社会学习和文化学习之间的关系进行了进一步讨论。）

认知能力的变化可以从如下几个方面衡量：（1）发展中的不同时间点，（2）某一人群内的群体或个体，（3）不同人群，（4）不同的物种。对第一种变化的理想的研究方式是随着时间的推移在同一组儿童中反复测试某种认知能力（如计数），并在测试间隔期中记录这些儿童在日常生活中通过与他人或其他物品的互动获得能够增强这种认知能力的信息的机会。如果这些机会能够预测出该认知能力将会随时间的推移而增长，那么该研究就证明了刺激的丰富性。而如果这些机会对认知发展的预测表现是不佳，比如计算能力的变化只是间断性地出现或者超过了被试者所获得的学习机会，那么这就证明了刺激的贫乏。这类研究中的一个常见变化或限制性案例是新生儿认知能力的测试。测试通常假设新生儿很少或根本没有机会学习，因此，新生儿拥有的认知能力均会体现刺激的贫乏。

针对某一人群内的变化的研究通常会选择某一时间点对认知能力进行测试，并探讨群体间或个体间的能力差异是否与测试前的相关学习机会有关。例如，母亲经常与孩子交流思想和感情，那么他们就有很多对心智进行文化学习的机会，有这样经历的孩子会比那些较少和母亲交流思想的孩子更善于揣测意图或识别情感吗（Taumoepeau and Ruffman，2006；2008）？如果答案是否定的，我们获得的是刺激贫乏的证据；如果答案是肯定的，则证明刺激丰富。行为遗传学中使用的“双生子研究”也属于这一范畴。在典型的双生子研究中，对某一认知能力的测量是在特定时间点对大量同卵或异卵双生子进行测试。借助同卵双生子具有相同基因型，而异卵双生子有平均 50% 相同基因的事实，这些研究比较了同卵双生子与异卵双生子内部的认知能力变化，希望证明认知特征的发展基于遗传信息而非源自环境的信息（Plomin, DeFries, McClearn and McGuffin，2001）。环境影响弱表明刺激贫乏，而环境影响强是刺激丰富的证据。

对不同人群的变化的研究属于跨文化心理学领域。跨文化研究通常选取广义上的人群的儿童或成人作为样本进行比较，例如比较“西方高加索人”和“东亚人”这样众所周知的儿童成长经历具有较大差异的群体。如果这种经历的性质与认知特征发生共同变化，比如，如果在“个人主义”社会中长大与视觉场景的元素处理模式相关，而在“集体主义”社会中成长与整体处理模式相关（Senzaki, Masuda and Ishii，2014），这就表明我们发现了刺激丰富的证据，但如果环境和认知变化无关则表明刺激贫乏。

最后，在比较心理学、行为学和灵长类动物的研究中涉及非人类动物的研究内容可以为与刺激的贫乏或丰富相关的问题提供重要的论证依据，更概括地说，可以帮助我们细分与生俱来、后天养育以及文化对人类认知的影响和贡献。人们普遍认为，尽管一些非人类动物也具有“传统”，即它们表现出由社会学习引起的行为上的局部差异，但非人类动物却没有“文化”，因为文化是以选择论为特征的。具体来说，在非人类动物中，社会学习特征的改变无法随时间的推移进行改进式积累，而正是这种积累方式让信念、人工制品、实践手段（“谷”）——实际上就是认知机制（“磨”）——更好地完成它们的本职工作（Caldwell, Atkinson and Renner，2016；Tomasello, Kruger and Ratner，1993）。所以，基本上，如果某一认知能力不仅存在于人类，还存在于其他动物中，那么这一认知能力的发展则很可能并不取决于文化。更一般地讲，当某些在基因上与人类关系密切的物种（比如黑猩猩）比与人类关系较远的物种（比如大鼠）具有某种更为人性化的认知能力时，在所有其他因素等同的情况下，这一焦点能力的发展主要由遗传信息决定。相反，如果跨物种认知能力的变化与基因无关而与生态因素有关，进而与学习机会有关，这就表明要么存在趋同进化，要么认知能力的发展高度依赖学习。蝙蝠的翅膀和鸟的翅膀是形态学中趋同进化的例子。这两种翅膀在结构上是相似的，二者的发育也高度依赖遗传信息，但它们却有着不同的进化史。通过研究一种或多种其他类型的认知能力变化，我们可以将趋同进化与依赖于学习的发展区分开来。

这四类与刺激的贫乏或丰富相关的证据来源都只取决于认知能力与学习、社会学习机会的自发变异间的关联差异。然而，“训练”——一种具有实验性质的被人为引入的环境变化——可作为一个强大的研究工具。例如，那些与有助于认知发展的学习类型有关的假设就可以通过在连续测试之间或单项测试之前对个体（儿童、成人或非人类动物）的学习机会进行控制来验证

（Lohmann and Tomasello，2003）。假设训练不过于人为化，也就是将被试者置于与焦点认知能力正常发展的环境类似的环境中，训练对认知发展有效果则表明刺激丰富，无效则表明刺激贫乏。

对认知发展进行剖析——识别先天、后天和文化对某种认知机制形成的贡献和影响——是相当困难的，而且前文中提到的每一种方法都是非常容易出错的。学习机会 A（比如与父母谈心）与认知能力 B（理解能力）相关，可能是因为隐藏因素 C（语言技能）对 A 和 B 都有影响，而不是 A 导致了 B。同样，在对双生子的研究中发现的某一具有相对较大遗传学贡献的因素很可能是由于研究中的个体碰巧都在非常相似的环境中长大导致的，而在跨物种研究的比较分析中，趋同进化也可能被误认为是学习行为对发展的某种强烈影响。考虑到以上这些风险因素，同大多数其他研究领域一样，在该领域的研究中我们必须更加信任设立了有效对照方式的研究成果，并寻找共同证据，也就是使用不同样本和研究方法获得的指向相同方向的结论。

小结

综上所述，存在语义论的观点提出，只有当某生物结构 X 的状态与 Y 相关时，才能够认为 X 携带了 Y 的信息，并且也正是因为 X 的状态与 Y 相关使得 X 被选择。这个信息化概念为比较并分别解析与生俱来（遗传信息）、后天养育（来自发育系统与其环境之间直接互动的信息）和文化（文化传承的信息）对人类认知发展的贡献与影响提供了理论框架。文化进化的群体模型指出文化是认知的“谷”（即独特的人类行为、人工制品和概念结构）发展的主要影响因素。我论证了特定的群体模型——一种选择论路径——也可以被用来深入探讨独特的人类认知机制（“磨”）的发展。选择论路径主张达尔文进化论所必需的条件，包括变异、选择和继承，存在于文化领域。在利用选择论对认知机制进行分析之初，我对变异、传承途径和传承机制提出了假设，并讨论了可帮助我们区分文化传承在认知过程发展过程中所发挥的作用的实验证据。

本章开篇就承认，人类行为和认知的各个方面发展要依赖各种因素。我论证了尽管有多重复杂因素，先天、后天和文化对任意人类认知特征发展的贡献与影响都可以并且应当借助存在语义论的信息概念以及研究刺激贫乏与刺激丰富的试验来确定。在下一章中，我将使用这些工具来识别人类认知的“启动装备”，即一套对独特的人类认知的发展具有重大影响的遗传心理特征。

第3章

启动装备

人类新生婴儿的心智并不是一张白纸，尽管在降生时人类精神白板上的痕迹与黑猩猩的差异相当微妙，但这些看似细小的差异至关重要。在妊娠的第16周时，人类大脑的大小已经是黑猩猩大脑的两倍（Rilling，2014）。仅这一点就说明我们人类具有一个复杂的“基因的启动装备”。[1] 本书绝大部分内容都在强调学习和文化传承在独特的人类认知发展过程中的重要性，本章则将着重讨论遗传，主要涉及有助于使成熟的人类心智在极大程度上异于其他动物的先天气质、关注偏好和主要的认知过程。

高教会派进化心理学和文化进化论认为，人类通过遗传获得了“广而专”的心理属性，用于开发不同于其他动物的，涉及语言、心智理论、模仿、因果逻辑理解、情景记忆、自我概念和面孔识别等强大认知机制的程序或蓝图。相比之下，本书主张，尽管绝大多数成年人都具有所谓“广而专”的认知机制，但我们并不是通过遗传获得开发这些认知机制的程序的。准确地说，我们通过基因遗传了“具体而常规”的心理属性，即开发相对简单的、与包括黑猩猩在内的其他动物非常相近的思维机制的倾向。遗传进化对人类心智进行了调整。

我们与我们的祖先在心智层面的遗传差异很小但却非常重要。它们以三种方式促进了“广而专”的认知机制的发展。首先，**气质**上的遗传改变促使人类成为相当社会化的灵长类动物。与黑猩猩相比，人类容忍、寻找同伴并在同伴的陪伴下繁荣兴旺。这种原发的社会性不仅极大地增加了儿童从外界获取知识和技能的机会（Henrich，2015；Sterelny，2012），还增加了他们在成长过程中从其他人那里获得认知机制的机会。其次，遗传的**关注偏好**确保了婴儿的注意力从出生起便锁定在周围人身上。我们从婴儿阶段早期就很努力地观察生物的动作和面部表情，倾听其他人的声音。无论这些倾向是否是专门为教育（Csibra and Gergely，2006；Heyes，2016a）进化而来的，它们的遗传都意味着，从婴儿降生到这个世界的那一刻起，他们就开始从周围的成年人身上获取信息并接受他们的照料。最后，人类拥有强大而独特的**中央处理系统**，包括学习、记忆的机制和对信息的提取、过滤、存储和使用的控制。这些处理系统中的任意一个都具有领域一般性，即可以使用相同的算法在所有信息输入范围内压缩数据；同时它们也具有物种一般性，即存在于大范围的动物物种中。不过，人类通过遗传继承的中央处理系统具有前所未有的速度和能力。在发展过程中，来自其他人的文化进化信息的注入塑造和助长了具有领域一般性的中央处理系统，这些系统不仅获得了这些信息，还用它们构建新的具有领域特殊性的认知机制，也即“广而专”的认知机制，正是这种机制使人类成为如此独特的物种。因此，“广而专”的机制由文化进化设计，但是是在发展过程中由加强了的、通过遗传获得的学习与记忆机制构建的，所使用的原料自出生起便经由先天气质与关注偏好被灌注进婴儿的心智。[2]

在随后的章节中，特别是有关模仿行为的第 6 章，我将讨论这个可用来解释一套遗传的领域一般性认知机制如何使用文化传承的信息生成另一套具有领域特殊性的认知机制的建构过程。本章则重点介绍基因层面的启动装备的各个组成部分，并对那些对独特的人类认知的发展起重要的作用的心理特征进行考查，分析其可能具有的基因遗传性。

情感与动机

一、社会宽容

与黑猩猩相比，成年人类，尤其是男性，对彼此及未成年人表现出相当大的宽容度（Burkart, Hrdy and van Schaik，2009；Silk and House, 2011）。正如苏珊·海迪（Susan Hrdy）* 所指出的，人

* 苏珊·海迪（1946—），美国人类学家、灵长类学家，对进化心理学和社会生物学的发展有过若干重大贡献。——译者注

们在拥挤的机舱中掩饰着他们的烦躁，彼此和平相处，但如果整个机舱挤满了黑猩猩，“散落在过道里的将会是淌着血的耳垂和其他器官（肢体）的碎片”（Hrdy，2011）。毫无疑问，这种社会宽容或侵略性的缺乏是人类文化适应的结果，然而有证据表明，这种温和而不易怒的倾向，即不加反抗地接受同一空间内他人的存在和活动的特性，是人类基因启动装备的一部分。

举例来说，有考古证据表明，在过去的20万年中，人类的头部与面部发生了眉骨凸起减小以及上部面骨*缩短等变化（Cieri et al.，2014）。切里和他的同事将这种变化描述为“颅面女性化”，他们认为造成这种变化的原因是雄激素的反应性降低（成人体内睾酮水平降低或雄激素受体密度降低），这种基因变异降低了人类物种内部的侵略性，并因此在人类发展过程中受到自然选择的青睐。倭黑猩猩**比黑猩猩更具有社会宽容性这一发现（Wobber, Hare, Lipson, Wrangham and Ellison，2013）也表明这种变化与雄激素的反应性相关联。近代人类颅面形态的变化是通过遗传获得的，这一观点得到了最先由达尔文（1868）发起的对包括狼在内的广大非人类动物展开的驯养研究的支持。这些研究显示，在遗传变异层面，对温顺地接受圈养并与人类接触这一特征进行选择能够迅速形成包括社会宽容以及其他综合性特征在内的目标，这其中就包括切里等人发现的颅面形态变化（Wilkins, Wrangham and Fitch，2014）。驯养特征中的颅面部分的改变常常被视为自然选

---

* 由颅底，即枕骨大孔缘中点到鼻根点的距离或鼻根半径的长度。——译者注

** 倭黑猩猩的栖息地在非洲刚果河以南。——译者注

择的附带产物，但在原始人的发展过程中，这些颅面特征也可能是自然选择的目标，即具有较低水平雄激素反应性的个体不易发起攻击（因为他们具有更加“年轻”而并非更加女性化的面孔），也不容易引发别人的攻击。

社会宽容度的提高与文化传承的关系并不明确。正如切里和他的同事所提出的那样，可能人类在最近的8万年里变得具有更高的社会宽容度，同时伴随着行为趋于现代化的改变，而具有更高社会宽容度的个体很可能更容易通过社会学习获得知识与技能，从而有可能繁衍更多的后代。但同样具有可能性的是，社会宽容度其实在更早期的原始人中就已经存在上升的趋势，并且因为该特征的强化，相应个体获得了群居生活所能够提供的包括安全、食物共享等在内的一系列优势，从而在进化过程中被选择并保留。无论自然选择的历史是如何发展的，显而易见的是，由人类基因启动装备事先激活的、大多数人类成年人所表现出的高水平的社会宽容度，使人类的婴幼儿比黑猩猩的幼崽更善于从周围的同伴那里学到更多的知识技能。从最简单的意义上说，这种高水平的社会宽容度能够使人类的青少年长期地、近距离地观察不同领域的专家并与他们交流，从而使观察者记住并理解专家们的技术动作以及相关动作发生时周围环境的细节（Coussi-Korbel and Fragaszy，1995；van Schaik and Pradhan，2003）。此外，高水平的社会宽容度也让成年人成为高效的教师，也就是说，当自己的行为被别人观察时，成年人有足够的耐心慢慢地去重复那些动作，还能够不带有明显攻击性地制止或纠正学生们在练习中所犯的错误。无论是通过基因遗传还是文化传承（Heyes，2016b），教学行为的发展并不仅仅是促进耐心这么简单，但高水平的社会宽容度仍是有效教学的最基本前提。

二、社会动机

基因启动装备中的另一个合理的候选因素是强化的社会动机。与包括类人猿在内的其他灵长类动物相比，人类不仅对同伴有较弱的攻击性（社会宽容），甚至还表现出更强的积极寻求社会接触的先天倾向，并且人类也从中发现这一行为能够给自己带来极大的成就感（社会动机）。有证据表明，儿童比年轻黑猩猩在选择集体活动与个人活动时更倾向于选择集体活动（Tomasello，2014），结合其他研究表明，在人类及其他动物中，社会动机的个体差异是可以通过基因遗传的（Skuse and Gallagher，2011）。

近年来，关于社会动机的研究主要集中在对神经肽，特别是催产素（Gangestad，2016）的研究上。据报道，通过静脉注射或鼻腔喷雾施用催产素会导致服用者在判断他人面部表情时对情绪化表情的反应尤其强烈（Cardoso, Ellenbogen and Linnen，2014），在玩经济类游戏时表现得更加慷慨，更易产生信任感（Kosfeld, Heinrichs, Zak, Fischbacher and Fehr，2005；同时参阅 Lane et al.，2015），并在看到婴儿的图像或受到色情刺激时负责奖励回馈的神经网络更为活跃（Gregory, Cheng, Rupp, Sengelarb and Heiman，2015）。对曾经被称为“爱的分子”的催产素的研究（Yong，2012），已经产出了更复杂且有趣的成果。催产素的服用对人类行为的影响通常是具有性别特殊性和情境特殊性的（Scheele et al.，2013），除了社会态度的积极与消极变化外，这些影响还包括抑制食欲（Lawson et al.，2015）和减少焦虑（Churchland and Winkelman，2012）。因此，目前还不能确定，催产素的亲社会效果是通过强化社会刺激的显著性、放大社会奖励回馈的预期及体验价值、减少对他人的恐惧来实现的，还是在某种程度上通过所有上述途径实现的。但目前可以明确的是，社会动机中的以上任何变化都会增加其他人塑造认知发展的能力。就好像增强的社会宽容度、强化的社会动机可以使青少年更方便地获得向成年榜样进行社会学习的机会，并使成年人更适合并善于教学（Goldstein and Schwade，2008）。社会动机的增强也使人们的思维更容易受社会环境的影响。对他人行为的高度关注（见下一节）以及对社会认同的渴求使得处在发育阶段的人类更倾向于采用像点头、微笑、温暖的触摸、亲切的话语等更易于产生社会奖励回馈的行为、信仰和思考方式，并且正如每个家长所了解的，社会奖励产生的影响不需要通过刻意的教授或行为改变产生影响。任何让身边人快乐的食物——因为它在成年人的行为中是有趣的、有用的或者熟悉的——都会很容易地被纳入孩子的行为储备和世界观中。

有研究提出人类社会化动机的关键在于我们对“偶然反应刺激”的享受，这类刺激指的是在我们的某些行为后紧接着发生或可以通过我们的行为进行预测的那些事件（Csibra and Gergely，2006；Heyes，2016b）。原则上讲，偶然反应刺激可以是社会化的，也可以是无生命的。事实上，一些最早期用来证明婴儿喜欢偶然反应刺激的研究表明，婴儿会对一部手机——一个无生命刺激——微笑、大笑和牙牙学语，前提是在这之前这部手机会在婴儿转头的时候跟着旋转（Watson and Ramey，1972）。我们人类喜欢使事情发生，不管事情是社会化的还是非社会化的。然而，在日常生活中我们能够控制的往往都是社会化的事物，因此其他事物的回应是构成偶然反应刺激的主要来源。

在一项对人类新生儿的研究中获得的证据表明，当发现某一行为发生后会伴有偶然反应刺激时，无论这个刺激是像哺乳这样的生物学方面的刺激，还是仅仅由短促且保持情感中立的语音组成的刺激，该行为的发生频率都会增加（受强化学习影响），同时该研究也提出，我们对偶然事件的享受是通过基因遗传的（Floccia, Christophe and Bertoncini，1997）。这暗示了，对于人类新生儿，一些刺激所具有的吸引力并不是凭借其内在的生物学特性（首要强化因素）或因为它们与首要强化因素搭配（次要增强因素），它们具有吸引力的原因仅仅是它们与婴儿的反应偶然发生了关联。

当然，人类并不是唯一享受偶然反应刺激的动物。大鼠会依偎在一只对偶然事件具有灵敏回应性的人手的旁边（Werner and Latane，1974），而北美鹑的幼鸟更倾向于接近与自己的呼救声形成偶发联系的雌鸟的叫声（Harshaw and Lickliter，2007）。然而，遗传进化曾经对这种倾向进行过细微调整的可能性相当大，这使得人类比我们的灵长类祖先更加享受偶然反应刺激，也因此更易于接近其他同伴并在互动中学习。

无论社会动机的增强是否缘于催产素，增强的社会动机对人类发展都具有重要影响，但是对催产素这种神经肽的研究强调了这样一个事实：小而普通的变化也可能引起重大的下游效应。作为古老的肽介导信号传导系统的一部分，催产素几乎存在于所有的动物中，这其中也包括昆虫和蠕虫（Gruber，2014）。这个系统起源于大约 7 亿年前，在各个物种中负责控制生殖所需的肌肉运动（例如子宫收缩和产卵）、射精、泌乳以及照顾婴儿、配偶间相互结合和建立亲密关系（Gangestad，2016）。因此，催产素是在发展过程中为实现新的功能而被基因进化反复调整的某一系统的一部分。举例来说，田鼠从无固定配偶向一夫一妻制的转变就是在强化学习机制的基础上引入了催产素（或升压素）受体（Insel and Young，2001）。因此，古人类身上发生的任何变化都可能要进行进一步的调整或微调，使系统与其他系统完全协调，并在不同的刺激环境中保存和扩展旧的功能（Anderson and Finlay，2014）。在人类的发展进程中，很可能，催产素的上调逐渐扩展了社会动机——社会刺激的显著性、社会回馈与奖励的价值和（或）将他人视为“安全”的倾向。就这些变化本身而言，它们也属于小型基因遗传效应。但由于这些小作用的积累使发展过程中的人类思维更容易受社会环境的影响，文化进化得以发挥比细微调整更大的作用。也正是这些微小的作用使文化进化可以用知识和技能来充实正在发展的心智，构建“广而专”的认知机制。

关注

社会宽容度和社会动机使处于发育阶段的人可以与形形色色的成年人进行密切互动，这些成年人有能力用文化传承信息填充和塑造他们的心智。输入偏好则确保了人类的儿童从出生起就将注意力集中到这些前辈专家身上，时刻准备汲取他们所提供的信息（Heyes，2003）。

一、面孔

与其他物种一样，人类也天生偏爱生物的行为。就像刚孵出的小鸡一样，新生儿在观察动物（人类或非人类）的动作时比观察无生命物体运动所用的时间更长（Bardi, Regolin and Simion，2011；2014）。这种在进化上颇为古老的、遗传上的输入偏好，使人类的注意力集中在有生命的物体上。这的确是个不错的开始，但随后对新生儿的研究表明，人类通过遗传还获得了一个更为具体的输入偏好，这使得他们能够有选择地关注可提供大量信息的身体部位——脸。有研究表明，人类的新生儿在看到一组由三个黑点组成的倒三角形——一个类似面部的刺激——时（图 3.1 左侧），他们转头对其进行观察的时间会比观察具有同样低级视觉特征的与面孔不同的正三角形图案所用的时间更长（图 3.1 右侧；Johnson，2005；Johnson, Dziurawiec, Ellis and Morton，1991），这类研究为人类与生俱来的面孔偏好提供了有力的依据。最近一项针对处在妊娠第三阶段的胎儿的研究证实，人类对面孔的

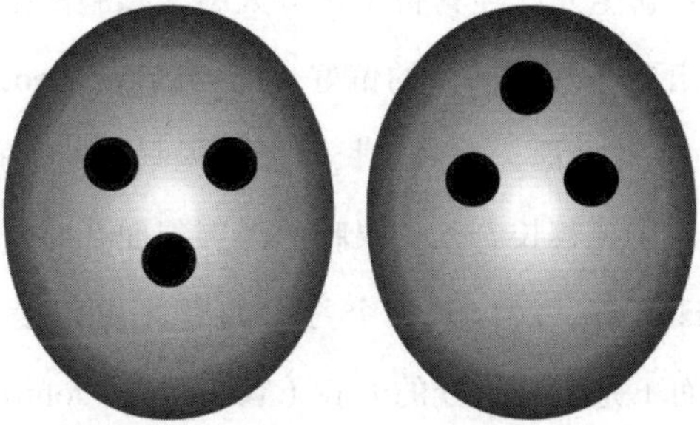

图 3.1　用于测试新生儿面孔关注偏好的刺激类型
（经约翰逊允许后引用，2005）

关注偏好不依赖其对人脸的熟悉程度。当如图 3.1 所示的刺激被投射到母亲的腹部时，胎儿往往更倾向于向组成倒三角而不是正三角的黑点方向转头（Reid et al.，2017）。研究人员在新破壳的幼鸡中也发现了类似于面孔偏好的倾向（Rosa-Salva, Regolin and Vallortigara，2010），但在黑猩猩或其他类人猿中却没有发现相似的面孔偏好（Kano, Call and Tomonga，2012）。由此推断，趋同进化或许是人类和离巢鸟*都具有面孔偏好的原因，其中人类的面孔偏好有可能是在古人类身上出现或被强化的。

与生俱来的面孔偏好是由三个黑点组成的三角形引发的简单事件，但这种遗传的输入偏好为一整套逐步具体且复杂化的关注方式的发展奠定了基础。婴儿在出生时并不具有对人类面孔的特

---

* 离巢鸟在孵化后很快就能自己活动，这是相对于守巢鸟，即无法在孵化后不久自行移动的鸟而言的。——译者注

殊偏好。尽管新生儿已经具备了区分人脸与猴脸的能力，但他们并没有表现出更喜欢哪一个的偏好（Di Giorgio, Leo, Pascalis and Simion，2012）。然而，相对于长着黑猩猩眼睛的黑猩猩面孔，3个月大的婴儿在观察长着人类眼睛的黑猩猩面孔时停留的时间更长（Dupierrix et al.，2014）；4个月大的婴儿更偏爱与其有直接眼神接触，而不是看着别处的人脸（Vecera and Johnson，1995）；等婴儿长到6个月至9个月大时，他们对面部的偏好不仅针对人脸（Pascalis, de Haan and Nelson，2002），而且这种偏好已经强大到足以压倒其他大多数高度显著且动态的刺激对他们注意力的吸引（Frank, Vul and Johnson，2009）。然而，仍然没有理由认为这种快速增长的专一性表明一种复杂的遗传的面部处理机制或某种特殊类型的针对面部的学习形成。在婴儿的成长环境中，比起看着别处的人脸、黑猩猩的脸或彩色弹力球，婴儿关注与之有眼神接触的人脸，需求更有可能得到满足。因此，具有领域一般性的关联性学习过程足以解释为什么在生命开始的第一年中，简单的对由黑点组成的倒置三角形的偏好（图3.1）能够发展成为一种对“正在注视我”的人类同伴的高度坚定且具有选择性的偏好（Heyes，2016b）。

关联性学习，更具体地说是强化学习，也解释了婴儿是如何在先天的面部偏好的基础上发展注视线索的能力的，即将注意力转向另一个人正在关注的物品或空间区域的倾向（Moore and Corkum，1994）。与动作线索相反，注视线索首先出现在2月龄到4月龄的婴儿中（Hood, Willen and Driver，1998；Farroni,

Mansfield, Lai and Johnson，2003），并即刻扩展了他们学习其他人以及通过他人学习的机会。于是他们的注意力不单单集中在脸上，还集中在那些被眼睛或整张脸关注的物体和事件上。对这个时期的婴儿来说，他们整个世界的信息流是由他们周围的成年人的关注点和兴趣点来引导的。等他们长到 6 个月至 12 个月大时，注视线索变得更具选择性且更加活跃。婴儿更倾向于跟随与其有直接眼神交流再转向别处的目光（Senju and Csibra，2008）。他们的视线会在那个成年人和物体之间徘徊，以确认他们是否找到了正确的空间目标，并配合指认的行为使成人的关注点与他们自己的保持一致（Carpenter and Call，2013）。这些“共同关注”行为可能反映出，婴儿开始明白他人拥有心理状态，或者逐渐产生“分享”这些状态的动机（Tomasello，2014；见第 7 章）。可以明确的是，共同关注行为进一步提高了社会学习的精确度，使婴儿更加容易被教授，并且这些行为的发展也不需要“广而专”的认知过程。只要在眼神交流后转移视线（以及寻找后凝视）就可能会与一个有趣物体相遇，并且只要指认行为能够让成人做婴儿希望他们做的事情，强化学习就可以在一个简单的、可通过基因遗传的面孔偏好的基础之上建立起共同关注（Moore and Corkum，1994；Paulus, Hunnius, Vissers and Bekkering，2011；Triesch, Teuscher, Deák and Carlson，2006）。[3]

二、声音

现在让我们从视觉转向听觉。有证据表明，人类的发展是以对声音的输入偏好开始的。和与生俱来的面孔偏好一样，人类对声音的偏好在最初阶段也是非特异性的。刚出生的婴儿在听到人声时吮吸的力量会比听到具有类似音高曲拱和谱性质的合成声音时更强（Vouloumanos and Werker，2007）。然而与合成声音相比，人类的新生儿也更喜欢恒河猴发出的声音，并且听到人声与听到猴子的叫声时的吮吸强度是相似的（Vouloumanos, Hauser, Werker and Martin，2010）。因此，刚出生的婴儿对语音的偏好并不限定于人声——至少包括其他一些灵长类动物的叫声——只有当婴儿3个月大时，他们才愿意更努力地去听人类的语言，而不是猴子的叫声。

原则上，在生命的最初几个月时发生的声音偏好的增强很可能是由于一个包含许多人类语言的声学及语音特性的复杂基因遗传程序的启动。然而，更具可能性的解释是，领域一般性学习——能够对跨物种的各类刺激产生习惯性和敏感性的学习行为（Rankin et al.，2009）——会让婴儿在接触了越来越多的谈话后愈发地享受说话。这的确很有可能，因为有充分的证据表明，新生儿更喜欢那些他们在子宫中就已经听过的熟悉的声音，比如：比起其他女性的声音，他们更喜欢自己母亲的声音（DeCasper and Fifer，1980）；比起其他国家的语言，他们更喜欢母语的节奏（Moon, Cooper and Fifer，1993）；以及他们更喜欢自己在胎儿时期听过的故事（DeCasper and Spence，1986）。没有任何“基因遗传程序”能够囊括足够具体的信息来产生这些偏好。相反，这些输入偏好恰恰表明，领域一般性学习过程在人类妊娠第三个周期就开始编码语音输入，因此，它们完全有能力将一个简单的、与生俱来的对灵长类动物的声音的偏好打磨成一个高度特定的对婴儿母语的输入偏好（Reeb-Sutherland et al.，2011）。

这一阶段的学习在儿语——成年人在与婴儿讲话时所倾向于使用的比成人对话声调更高、音域更广、节奏感更强、语速更慢的一种讲话方式——的发展中也具有至关重要的，甚至有些神奇的作用（Fernald，1991；Trainor, Austin and Desjardins，2000）。曾经有人认为，由于儿语可以通过对词汇和语法的强化来促进语言表达，它的产生是一种由自然选择保留的极具针对性的遗传适应性的体现。然而，研究者们在随后的研究中却发现，相对于情绪中立的冷静的成人间的对话，当把儿语同极具情绪化的成人间的对话放在一起进行比较时，儿语的独特性仅在于具有更高的声调（Trainor, Austin and Desjardins，2000）。[4] 这表明成年人在与婴儿交流时并没有刻意使用很多声音上的技巧。因为当我们非常情绪化时，我们在与成年同伴交谈时也会使用同样的音域、音高曲拱、节奏和语速。只是，通常我们在与婴儿交流时情感更加丰富。而专属于与婴儿交流的对话特点仅仅是儿语中更高的声调。我们在与婴儿交流时会使用更高声调的倾向可能是一种遗传适应。这里的神奇之处在于：史密斯和特雷纳（Smith and Trainor，2008）发现，母亲可以被她 4 个月大的婴儿“塑造”，提高她在与婴儿对话时的音调。当母亲的高声调持续获得婴儿的快乐行为反馈时，强化学习便提高了母亲说话时的平均音高。

从刚出生的几天到几个月，婴儿在注视正在说儿语的面孔时，比看正在与成年人对话的面孔所用的时间更长（Cooper and Aslin，1990）。与普通对话相比，儿语的唯一的差别仅仅在于高声调，这一发现表明，与最基本的声音偏好一样，这种遗传性的输入偏好是非特异性的。婴儿并没有被调整出一套为了更加普遍的语言训练与语言教授而演化出的极具独特性的声音特征（Csibra and Gergely，2006），他们只是更喜欢高声调的说话方式。这种简单的与生俱来的偏好很可能在整个动物界的进化中都是古老而且广泛存在的。特雷纳和德雅尔丹（Trainor and Desjardins，2002）发现，事实上高声调阻碍而不是促进了婴儿对元音的辨别能力，这其实是不利于语言发展的。有趣的是，另外也有证据表明，以儿语的方式讲话也可以有效地控制狗、马、猫和其他非人类动物的行为（Snowdon，2004）。

因此，对新生儿和婴儿的研究表明，我们通过基因遗传获得了对喜欢的面孔和喜欢的语音的刺激的关注偏好，并且这些偏好在随后的发育过程中被领域一般性学习机制迅速打磨。这些机制表明，在绝大多数人类社会环境中，那些最可能产生奖励性反馈——乳汁、温暖、拥抱、瞥见某个有趣的东西——的刺激，不仅仅是喜欢的面孔或喜欢的语音，而是那些“正在注视我”并说着具有非常熟悉的语音特质的话的面孔。因此，婴儿的注意力被锁定在那些能够并且随时准备为他们提供他们所需信息的人或事物上，这样做既满足了他们眼前的需求，也可以在今后让他们成为更加成熟的社会成员。

认知

自从心理学被纳入实验科学范畴（James，1890）以来，双重过程模型不仅为认知研究提供了一个框架，它也一直引领着该领域中一些最为严谨的积累性工作（Evans and Stanovich，2013；Kahneman，2003）。这些双重过程模型在细节上略有不同，但它们都一致提出，认知——尤其是人类认知——是由彼此间相互作用的两个系统或者说是两套过程来控制的。系统 1 的操作模式通常是以快速、自动、并联为特征的，基于来自遗传（如前文所述的与生俱来的关注偏好）以及来自领域一般性学习过程（例如开车所需的已成为习惯的动作技能）的信息。系统 2 的操作模式则是缓慢的、费力的、串联的，基于来自系统 1 的信息以及由其自身活动生成的信息。系统 2 对于系统 1 来说像是个时好时坏的“管理者”或“执行总监”（Norman and Shallice，1986），它对系统 1 进行安排调度、管理与强化。[5] 双重过程论者通常假定——没有评论和展开说明——系统 1 从系统进化上来说是古老的，而系统 2 在古人类阶段经历了较大规模的扩展。

一、系统 1——关联性学习

关联性学习可以被非常宽泛地定义为，在事件的不同表现形式之间形成了一条兴奋或抑制链的学习行为。这些事件可以是发生在有生命或无生命环境中的，通过任意感觉模态（刺激）感知的变化，或是由学习者执行的动作（响应）。关联可以建立在刺激的具体表现形式之间（刺激–刺激），或者在刺激与这些刺激存在时所发生的行为之间（刺激–反应），又或者在行为与这些行为所引发的后果之间（反应–强化）。事件的表现形式是“精练”的，仅仅是事件本身的感觉运动图像，或使用神经学的术语来讲，是涉及感知及回应这些事件的脑回路的再激活。

对关联性学习的研究起源于大约300年前的英国经验主义哲学家约翰·洛克*和大卫·休谟**，他们主张，人类的知识是建立在感觉经验的基础上的。在20世纪前期，关联性学习成为伊万·巴甫洛夫***的一个以狗为测试模型的实验研究课题的焦点，对于该课题的研究至今仍在进行。关联性学习的研究实验通常是在人或非人类动物中进行，并使用经典的（或称“巴甫洛夫式”）以及工具性的（或称“操作”）测试流程。在经典的测试流程中，实验人员首先会对参与者施加两个刺激，并使这两个刺激具有关联性，例如，铃声响起和出现食物，或者当参与者是人的时候，提供表明在食用某种特定食物之后出现过敏反应的证据。在工具性测试流程中，实验人员向参与者展示的则是行为与后果之间的关联，例如，大鼠在每次按下杠杆时会获得食物，或是在电脑游戏中，当参与者每点击一次指定物品时就会获得分数。在现阶段的研究实验中，研究者们不仅用经典和工具性测试流程去记录参与者的行为变化，越来越多的研究人员还使用功能磁共振成像术记录参与

---

* 约翰·洛克（1632—1704），英国哲学家、内科医生。——译者注

** 大卫·休谟（1711—1776），苏格兰哲学家、经济学家、历史学家。——译者注

*** 伊万·巴甫洛夫（1849—1936），俄国生理学家、心理学家、内科医生。——译者注

者的大脑活动，并利用行为与脑成像数据进行计算机建模，以此验证关联性学习的相关假说（Boakes，1984；Pearce，2013）。

研究者们在每一个脊椎动物和无脊椎动物组别中都发现了关联性学习的证据，关联性学习涉及的功能也非常广泛，包括觅食、躲避捕食者、择偶以及导航等（Heyes，2012b；MacPhail，1982；Shettleworth，2010）。通过跨物种比较，研究人员还发现，遗传进化在数百万年的发展过程中对关联性学习做出了一些重大的质的改变（Dickinson，2012）。可能很多关联性最初的形成仅仅是基于它们之间的连续性，也就是说关联是建立在任意两个相继发生的事件的表现形式之间的。随后，在某些种群中，这个过程开始逐渐变得依赖于预测误差。要形成关联，两个事件的发生时间依然要紧跟在一起，但是除此以外，其中一个事件还必须对另一个事件的发生具有预测性（Rescorla and Wagner，1972）。例如，为了在A和B两种表现形式之间建立一个兴奋链，B与A同时发生或紧接着A发生的概率必须要高于B在没有A的情况下发生的概率。最终，依旧是在几百万年前，随着这个过程的演化，预测误差不仅调节了关联形成的速率，还调节了事件间的“可关联性”。过去那些被证实是优质的预测因素的事件更有可能与未来将要发生的其他事件形成关联（Mackintosh，1975）。于是伴随着这些变化，关联性学习逐渐可以更好地实现其追踪事件之间因果关系的生物学功能（Dickinson，2012）。

至今没有证据表明关联性学习在晚近经历过任何重大的质的改变，但古人类并不是这样。然而，有可能发生的是，与其他类人猿相比，人类通过基因遗传了更强的进行关联性学习的能力。我们的基因让我们能够更加快速地构建关联性，同时对它们了解得更多，并且（或者）更容易将关联性与具体情境结合（Holland，1992）——例如，我们明白招手可以使出租车停下来，但只有在出租车的灯显示“空车”的时候。这些可能性很难通过实验手段进行评估，因为一个物种比另一个物种学得更快、更多，往往是因为基因遗传上的差异，比如他们在知觉、运动、关注或动机系统方面的差距，而不是因为更有效率的学习机制。此外，在成年人类中，有效的关联性学习很可能取决于刺激处理策略的使用，比如“分块”——将具体刺激按照更大的单位进行划分——这些策略出自学习者自己的系统 2 或通过系统 2 从其他人那里习得（Heyes，2016c；Shea et al.，2014）。然而，有间接证据表明，我们人类的基因使我们比我们的祖先更善于习得关联，提供该证据的研究发现，狒狒和鸽子使用相同的方式来编码图片-反应关联，但是，与处在同一学习环境的鸽子相比，狒狒可以学到的关联数量是鸽子的 4 倍，总共约 4000 个关联（Fagot and Cook，2006）。这一结果表明，遗传进化在灵长类进化的过程中增强了关联性学习的能力，因此，关联性学习能力在古人类中得到进一步扩展是有可能的。

人类通过遗传增强了关联性学习的能力这一假设，与如下证据自然也是一致的：这类学习不仅支持了“扎和抽搐”这样简单的条件反射（Rescorla，1988），也支持了人类行为和决策的许多复杂方面。举例来说，关联性学习对人类在标准化智力测试中的表现做出了重大的独立贡献（Kaufman, DeYoung, Gray,

Brown and Mackintosh，2009）；另外，关联性学习调节了我们的自主性（也即通过自我的有意行动产生事件的现象经验）的发展（Moore, Dickinson and Fletcher，2011），并使我们具备在寻路与方位辨认中使用空间线索的能力（Prados，2011）。此外，关联性学习在我们学习行为与结果之间的关系的过程中（Jensen et al.，2007；Shanks，2010），在学习不同结果之间的高阶关系时（Wunderlich, Symmonds, Bossaerts and Dolan，2011），在更新感知时（Li, Howard, Parrish and Gottfried,2008），在追踪社会线索（比如建议）和非社会线索在决策中的价值时（Behrens et al.，2008；Garvert，Moutoussis, Kurth-Nelson, Behrens and Dolan，2015；Heyes，2012b），发挥了基础性作用。

在新生儿身上可以发现经典和工具性测试试验的印记（Blass, Ganchrow and Steiner，1984；Siqueland and Lipsitt，1966；同时参阅 Emberson, Richards and Aslin，2015）。这些经典研究案例证实了关联性学习的机制是通过基因遗传的，近年来对婴儿的研究工作则强调了生命早期关联性学习的级联效应，以及由此带来的影响整个发展过程中的学习的能力。在生命刚刚开始的第一年中，事物间的各种关联被“旺盛地”学习并长时间地保存在记忆中（Giles and Rovee-Collier，2011；Rovee-Collier and Giles，2010）；早期的关联性学习可以促进并加速后期的关联性学习（Bock, Poeggel, Gruss, Wingenfeld and Braun，2014；Rovee-Collier Mitchell and Hsu-Yang，2013）；婴儿在 1 月龄时的关联性学习效率的个体发育差异能够预测他们在 2 个月、8 个月和 11 个月后的社交、模仿以及辨别能力的水平（Reeb-Sutherland et al.，2011；Reeb-Sutherland, Levitt and Fox，2012）。这种级联效应的结果之一是婴儿在生命第二年的快速词汇学习——声音与指称对象的关联（Smith, Suanda and Yu，2014）。[6]

考虑到关联性学习在婴儿和成年时期所发挥的诸多作用，这种学习能力在发展进程中被逐步扩展，几乎不可能仅仅由于某一个“原因”而受到遗传进化的青睐。然而，同时学习多种不同关联的能力所带来的显著后果是更加精确的信息分类。向鸽子展示一张它们从未见过的图片，那些学习过树的图片与某种反应的多种关联（例如，见到树的图片时啄一个特定的“物品 A”）的鸽子比接受较少学习的鸽子更有可能准确地对新图片进行归类（如果图片中包含了一棵树，啄物品 A，如果图片中没有树，啄物品 B）（Herrnstein, Loveland and Cable，1976）。这种概括是基于可观察到的刺激的具体特征（例如树枝、细枝、叶子），并且通过简单的机制——鸽子无法通过这种训练获得对于树的概念（Chater and Heyes，1994；Pearce，2013）——实现的，然而对信息的精确分类可以为获取以语言为媒介的概念奠定坚实的基础。例如，一个已经能够精确地区分手臂动作是否能让手与某件物品接触的儿童可以更进一步掌握“伸手够”的概念，进而掌握“渴求”的概念（Heyes and Frith，2014；见第 7 章）。

二、系统 2——执行功能

执行功能的三个核心组成部分是抑制控制、工作记忆和认知灵活性（Diamond，2013）。抑制控制主要包括对注意力、行为、思想和情绪的调节，被用于抑制系统 1 的运行产生的内在或外在冲动。工作记忆保存并积极处理当前不存在的对象与事件的相关信息。但需要注意的是，一些研究者对工作记忆的定义几乎等同于整个执行功能（见 Duncan, Schramm, Thompson and Dumontheil，2012）。认知灵活性指的是在面对问题时，在不同的行为目标或观点间切换的能力。认知灵活性利用了抑制控制，因为先前的目标或观点必须被抑制；认知灵活性也利用了工作记忆，因为新的目标或观点必须被加载到头脑中的相关工作区域。日常生活中的"推理"、"解决问题"和"计划"等行为是后来发展成熟的，其基础仍是执行功能的核心组成部分——抑制控制、工作记忆和认知灵活性（Collins and Koechlin，2012；Lunt et al.，2012）。

最常被用来证明遗传进化在古人类中强化了执行功能的证据来自神经解剖学研究。研究发现，成年人脑中重点参与执行功能的前额叶比成年黑猩猩大很多（Rilling，2014；Passingham，2008；Passingham and Smaers，2014）。这一点很重要，因为后来进化出的认知功能通常依赖许多大脑区域（Alvarez and Emory，2006；Anderson and Finlay，2014）。此外，有证据显示，与类人猿相比，人类的前额叶与大脑中在系统发生学上更为古老的、更接近系统 1 的部分，如前扣带皮层和前脑岛，有更为广泛的联系（Peterson and Posner，2012；Zilles，2005）。[7]

人类执行功能的巨大作用在很大程度上或许应该归因于包括社会学习在内的学习行为，然而也有证据表明遗传在其中也做出了实质性贡献。的确，对人类个体差异的研究表明，在执行功能任务上的表现，尤其是工作记忆测试上的表现，与在一般智力标准化测试“g”中的表现相关，而 g 中存在的个体差异是可以遗传的（Bouchard，2014；Duncan, Schramm, Thompson and Dumontheil, 2012）。此外，比较系统发生学的分析也表明，g 在灵长类动物进化过程中经历了显著的变化（Fernandes，Woodley and te Nijenhuis，2014；Reader and Laland，2002）。

很可能发生的是，遗传进化扩展和细化了古人类的执行功能，而不是对其进行重建，因为执行功能的 3 个核心组成部分中的每一个都保留至现存的非人类动物中。一项大规模的实验研究在 36 个不同物种中发现了不同程度的自我控制行为，即一种抑制控制，这其中包括非人类猿、旧世界猴、新世界猴、食肉动物、啮齿动物和鸟类（MacLean et al.，2014）。举例来说，看到食物藏在某个新位置后，被测试的动物可以抑制自身想要去另外一个之前曾多次藏过食物的地点寻找食物的冲动。与之类似，有证据表明，大鼠和其他啮齿动物也拥有工作记忆（Cook, Brown and Riley, 1985；Matzel and Kolata，2010），而恒河猴在任务转换实验中呈现出类似人类的表现模式，这表明这些动物以及其他非人动物是具有认知灵活性的（Caselli and Chelazzi，2011）。

执行功能的 3 个核心组成部分在童年时期缓慢发展，并可以在整个生命周期通过训练得到提升（Diamond，2013）。在西方社会的样本中，发展最为缓慢的组成部分——抑制控制——在青春期仍然处在趋于成熟的阶段（Luna，2009）。缓慢及可训练性，这两种不同特质的组合意味着，除了遗传外，学习和文化传承在人类执行功能的发展中发挥了重要作用。每当孩子被教导要放慢速度以提高准确性，远离诱惑（抑制控制），或将一系列需要记忆的事情打散分段（工作记忆），那么这个孩子正在通过文化传承获得改善执行功能的某种策略。然而，从启动装备的角度来看，更重要的是，我们通过基因遗传的可用于开发强大的执行功能的潜力为认知工具的文化传承提供了支持。随着执行功能的发展，从社会文化环境中上传“磨”（认知机制）就具备了可能性，这些“磨”中就包括能够实现具有高保真度–高带宽的文化传承的“磨”，比如元认知社会学习策略（第 5 章）、心智解读（第 7 章）和语言（第 8 章）。

小结

一些研究表明，人类的基因启动装备所包含的并不是“广而专”的认知过程，而是由黑猩猩和其他动物通过基因遗传的经过精炼或扩展的启动装备。我在本章对这些研究进行了考查。与现存的灵长类动物相比，我们对同种个体的攻击性更低，并且有更强的动机与同类互动。这些情感上与动机上的特征赋予了发展过程中的人类更多更好的接近示范者和师长的机会，并使青少年在与他人的互动中更具可塑性。我们也具备对面孔、声音和生物运动的关注偏好，这使我们从降生到世界的那一刻起便开始从周围的人那里提取信息。这些关注偏好在我们最初降生时是简单而粗糙的，但是，通过关联性学习，这些偏好迅速变得非常具体，以至于可以将我们的关注点，也就是学习对象——集中在我们自身所处的文化群体中那些学识渊博的成年人以及这些成年人所关注的人和事上。最后，与其他动物相比，我们通过遗传扩展了可用于关联性学习和执行功能的能力。这些认知过程使我们能够处理大量来自其他人的关于这个世界的信息，并建立起新的认知过程，进而增强我们向他人学习的能力。

我希望在整本书描绘的图景里，小小的橡实逐渐长成参天橡树。橡树代表的是成熟成年人身上“广而专”的认知过程。而每个小小的橡实代表的则是通过基因继承的一套由气质、关注偏好，以及发展出异常强大的领域一般性学习、记忆和认知控制过程的潜力组成的启动装备。事实上，高教会派进化心理学和文化进化论这些理论低估了本章中所讨论的这些小橡实的潜力，主要并不是因为那些理论高估了橡树的大小，而是因为它们认识不到，领域一般性认知过程，在经过改进，受到先天的关注偏好和事先学习的严格约束，并沉浸在一个丰富的社会文化环境中的时候，能够取得何种成就。

本章与之前的两个章节为文化进化心理学奠定了一些基础，明确了文化进化心理学与“是什么让我们如此独特”这个问题的其他答案的关系（第 1 章）；介绍了先天–后天辩论中的存在语义论概念，从广义上解释了选择论层面的文化进化论是如何应用于认知机制的（第 2 章）；讨论了一些我们有理由相信是通过遗传获得的独特的人类心理特征（第 3 章）。我们会在最后一章中再回到这幅宏大图景中来。在那之前，我们将关注一系列案例研究。在第 5 章到第 8 章中，每一章都会重点讨论一项我有理由认为是通过文化传承而非遗传进化获得的独特人类认知能力。所有这些能力——选择性的社会学习、模仿、心智解读和语言——都是社会学习，或者更确切地说，是文化学习的不同形式。第 4 章则是通过将文化学习与其他类型的学习进行区分来引入一些案例分析，并解释这种差异的重要性。

第4章

文化学习

文化进化心理学，既是一个研究框架，又是一个学术假说。作为一个研究框架，该理论认识到独特的人类认知机制既可以由经文化传承的信息来塑造，也可以由通过基因遗传的信息以及学习行为来塑造（第2章）。同时，作为一个学术假说，文化进化心理学提出文化传承在塑造所有或者是最独特的人类认知机制中起着主导作用（第1章）。为了说服作为读者的你，让你认同文化进化心理学假说的精髓——人类独特的认知机制确实是由文化进化建构而成的，在本书第5章至第8章中我会详细地探讨几种特定类型的认知过程的相关证据。

对这些认知科学领域的证据仔细地进行审查是非常必要的，因为这正是文化进化心理学的起源。当然我并不是简单地认为人类的认知机制一定是由文化进化塑造的，或者认为基于基因的解释在一般的进化层面上是不可信的。例如，我不否认遗传同化的确曾经发生在人类群体中，不质疑进化心理学关于更新世时期*的假设，也没有暗示以考古学数据为基础的数学模型表明遗传进化的时间不足以产生认知本能。相反，我认为，尽管认知本能假设在一般的进化论层面上足够合理，但来自认知科学领域的数据表明这一假设是错误的，也就是说，独特的人类认知机制是工具，而不是本能，是在人类个体发展过程中通过社会互动构建的。

我们有理由相信，人类独特的认知机制——存在于大多数成年人类中，而不存在（或仅以初始状态存在）于其他物种中——包括：(1)专门处理无生命世界的机制，比如因果逻辑；(2)处理有生命（社会）和无生命（非社会）事件的能力，如情景记忆；(3)专门处理社会刺激的各类认知机制，如面孔识别、模仿和心智解读。从这些纷繁复杂、名目众多的认知机制中，我选择了四种被称为“文化学习”(Tomasello, Kruger and Ratner，1993)的认知机制，包括选择性社会学习（第5章）、模仿（第6章）、心智解读（第7章）和语言（第8章）。有证据表明，对于其中的任意一项能力而言，其在成年人类中存在的形式不仅专属于人类并专门用于处理社会刺激，还使信息得以通过文化进行传承。

文化学习尤其重要的原因有两个。首先，进化心理学家

---

* 更新世时期：距今约260万年到1万年，也称洪积世（1839年英国地质学家莱伊尔命名），或冰川世（1846年英国地质学家福布斯命名）。更新世时期冰川作用活跃，也是地球上气候变化剧烈的时期，该时期与考古学上的旧石器时代（距今约300万年至1万年）同步。进化学家们普遍认为，现代人类是在这一时期出现并逐步形成的。——译者注

和文化进化论者尽管在包括认知本能的数量和本质在内的许多问题上都存在分歧，却都假设文化学习的机制是通过基因遗传的（第 1 章）。因此，从科学进步的角度，文化进化心理学只有在可以挑战这种共识的前提下，成为进化心理学和文化进化论的继承者或替代品。其次，从我也在广义上认同的、文化进化论的角度来看，文化学习的机制在使人类过上与其他动物明显不同的生活的过程中发挥了至关重要的作用。与其他人类特有的能力一样，文化学习也会在人的一生中遇到各种挑战，使我们每个人都能够以非凡的灵活性来应对这个世界上的人（比如面部处理）和事（比如因果逻辑）。然而，与其他能力不同的是，文化学习强调的是一个全新的信息传承系统——文化进化。文化进化使每个个人和群体都能受益于无数人在过去和现在积累的经验，进而共同获得远超其他物种的知识与发展技能。

因此，要弄清楚文化进化心理学的基础，我们不妨关注文化学习的认知科学。然而，在正式开始第 5 章至第 8 章的案例分析之前，我们需要明确“文化学习”究竟是什么，以及它与其他类型的学习之间的关系。文化进化论者以及其他对社会学习感兴趣的人通常都具有人类学、数学、行为生态学或行为经济学的学科背景，然而这其中并不包括认知科学。结果就是，他们参照行为效应和民间心理学概念，对个体学习、社会学习和文化学习进行了区分。如果要在文化进化论这一跨越多门学科的研究领域加入认知科学的研究成果，那么先前的区分方式就需要改变。认知科学不仅为本书所需，还将文化进化论引入对独特的人类认知机制的起源的解释中。它也为本章主题所需，在这些主题中文化积累的产物为独特的人类认知机制的遗传进化提供了选择压力。甚至，认知过程作为人类基因-文化协同进化的伟大成就以及“谷”的文化进化的驱动力，发挥了巨大作用，因此需要特征的描述与当代关于心智的科学知识一致。这项工作是不能够留给民间心理学和残存的行为主义的（Heyes，201a；待刊）。

这简短的一章首先概述了当下文化进化论者是以什么方式思考文化学习的，随后提出了一个新的、略有不同的框架，让认知科学为我们对文化进化的理解贡献一分力量。同时，本章也对在探讨社会与文化学习时经常用到的拜占庭式的术语进行了介绍和剖析。

学习类型的划分及命名

加利福尼亚学派杰出的文化进化论者约瑟夫·亨里奇在他的著作《我们成功的秘诀》（*The Secret of Our Success*，2015）的开头解释了他是如何使用“文化学习”这一术语的，还解释了在他看来文化学习是如何与其他类型的学习发生关联的。这段话非常值得引用并仔细斟酌，因为它异常明确和清晰地阐述了文化进化论者以及其他对社会学习感兴趣的专家对文化学习的常规理解。

> 在本书中，社会学习指的是在任意时刻受到他人影响的个人学习行为，其中包括许多不同类型的心理过程。个体学习是指个体通过观察或与环境直接互动进行学习的情况，其中包括通过观察某些猎物出现的时间来估算最佳的狩猎时机，以及使用不同的挖掘工具进行试错学习。因此，个体学习也涵盖了许多不同类型的心理过程。如此一来，最简单的社会学习形式只是与其他人相伴时的副产品，并参与个体学习。举例来说，如果我经常与你待在一起，你会使用石头砸开坚果，由于我会经常在周围环境中接触到石头和坚果，我也更有可能独立发现石头可以用来砸开坚果，也因此更容易独立发现石头与坚果之间的关联。文化学习是社会学习能力的一个复杂的子类型，其中的个体通常通过对他人的偏好、目标、信念或策略进行推断以及（或者）通过模仿他人的行为而从他人那里获取信息。由于我们往往无法确定非人类及人类祖先的社会学习行为中是否包括实际意义上的文化学习，因此，在讨论人类的时候，我一般会使用文化学习一词，但是对于非人类和我们的祖先而言，我会使用社会学习这种描述方式。（Henrich，2015：12–13）

这段话概括了个体学习、社会学习和文化学习之间的关系，如图 4.1 所示。其中，一套心理过程使人能“通过观察或与环境直接互动进行学习”这套心理过程就是“个体学习”。另一套与个体学习部分重叠的心理过程使人能以“受他人影响”的方式学习，这套心理过程就是“社会学习”。处于重叠区域中的学习行为，由于受他人的影响而具有社会性，但是以与个体学习相同的形式存在。在重叠区域之外的是“社会学习能力的一个复杂的子类型，其中的个体通常通过对他人的偏好、目标、信念或策略进行推断以及（或者）通过模仿他人的行为而从他人那里获取信息”。这个子类型或许能够又或许不能覆盖与个体学习不重叠的那部分社会学习区域，被称为“文化学习”。

对于图 4.1 所示的划分和命名方法，我的首要顾虑是，它没有包含那个简单的上位范畴“学习”。想要描述不同的学习类型——比如“社会学习”和“文化学习”——的特征，澄清“学习”一词的含义是个很自然的开始。这种担忧或许是琐碎的，只是我的个人癖好，但也可能很重要。例如，缺乏对于“学习”属于上位范畴这一观点的明确认可，可能会使文化进化论者变得迟钝，无法迅速地意识到对于学习行为的心理学研究与他们的研究兴趣其实高度相关。更具体地说，它可能会导致文化进化论者忽视一些证据，比如所有社会学习和文化学习都会涉及一些与个体（或“非社会性质的”）学习相同的过程，以及社会学习和文化学习并不是依赖完全不同的过程，而是依赖额外的或专门的学习机制。

我的第二个顾虑是，文化进化论者和其他对社会学习有特殊兴趣的人倾向于将被认知科学家们视为“效应”的现象称为“过程”：那些是需要被解释的事情，而不是做解释的事情。社会学习包括“许多不同类型的心理过程”是什么意思呢？认知科学

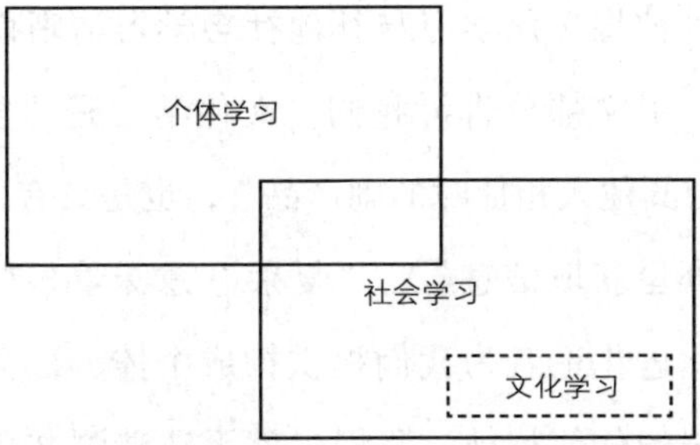

图 4.1　现有研究对个体学习、社会学习以及文化学习之间的相互关系的看法

家会自然而然地认为，“许多不同类型的心理过程”指的是各种各样非自主意识的、可根据不同规则对不同的长期记忆信息进行编码记录——学习——的认知机制。另外，亨里奇所指的是“过程”——带有“刺激强化”“局部强化”“仿真”“无意识模仿”“响应促进”“观察调节”“模仿”等标签——生物行为学中的社会学习专家们以学到了什么，而不是如何学到来对其进行区分（Hoppitt and Laland，2013）。例如，一个常用的分类法将刺激强化定义为观察者学习“以什么（对象或位置）来定位行为”的社会学习，以及将模仿定义为观察者学习“一种行为形式的某一部分”的社会学习（Whiten and Ham，1992）。这种分类法并没有提到实际从事学习行为的认知或神经过程——发生在学习者头脑中的过程；这种分类方法是无法进行“内在求索”的（Heyes，待刊）。

最后，将亨里奇的方案置于当前背景中最麻烦的一点是：

它没有提供一种将文化学习与其他社会学习清晰而连贯地进行区分的方法。引文部分告诉我们，文化学习是“复杂的”，它不仅仅是“与其他人相伴时的副产品”，也是具有主动性的（个体“从他人那里获取信息”）。“复杂”意味着多层次，但由于没有任何文化进化论者为我们提供构成个体、社会或文化学习的基础的过程的任何特征，我们也就无法猜测文化学习过程会在哪些层面特别复杂。引文中提到，文化学习可以包括“对……偏好、目标、信念或策略进行推断”，却没有解释“推断”的含义。在当代认知科学与行为科学中，“推断”这个词有时会被用在强烈意义上，代指通过一种受规则约束的过程学习，并使用类似于语言的心理表现形式。有时，这个词会被用在非常微弱的意义上，作为包括关联性学习在内的所有学习的同义词使用。强烈意义上的“推断”为文化学习设定了一个很高的门槛，而微弱意义上的“推断”无法将文化学习与社会学习或其他形式的学习区分开来。

更实际的观点是，非文化的社会学习是一种“副产品”，文化学习则具有主动性，但这种区分很容易将许多低智能的动物划入文化的圈子。举例来说，断奶的大鼠幼崽在开始第一次食用固体食物之前会找出它们所在群体中的一只成年鼠作为榜样，与之食用完全相同的食物（Galef，1971）。这种行为可以使断奶的幼鼠学习到在它所处的环境中什么食物是安全且富有营养的。因此，幼鼠所表现出的主动的社会学习行为在很大程度上取决于成年鼠正在做什么；尽管这种学习行为不仅仅是与人类接近的副产品，但是任何文化进化论者都不可能将幼鼠的这种行为视为文化学习行为。在社会学习行为中划定一个名为文化学习的子类型——亨里奇曾经在书中提及，随后托马塞洛和他的同事（1993）在引入“文化学习”一词时明确指出——其目的是筛选出那些能够使在人类身上发现的累积的文化传承与在其他物种身上发现的非累计性的“文化”或“行为传统”有所不同的社会学习行为。文化学习不仅为在其他动物身上发现的行为的持久性区域差异提供了支持（Whiten et al.，1999），也允许日常生活中所使用的工具和涉及的文化实践活动随着代际更替发生方向性的改变，甚至得到改善，即更好地完成它们的本职工作。某种在大鼠和人类身上都发现的社会学习行为或许对人类的文化积淀贡献良多——它可能发挥着将信息从一代传递到下一代的作用（Heyes，1993）——但是这种学习行为不太可能会是“引发改变的关键因素”，即不可能是那种可以帮助我们解释为什么人类能够积累文化而其他动物却不能的社会学习行为。因此，将文化学习定义为一种在动物中也广泛传播的方式，或者，像引文最后一句话那样，将“究竟哪种社会学习行为是人类特有的”这个问题隐藏在一个惯例——当某种行为发生在非人类动物身上时就将其称为社会学习，发生在人类身上时则称之为文化学习——之下是无益的。

综上所述，我认为目前用来定义文化学习的研究框架（图 4.1）有三个缺陷：（1）它没有承认文化学习首先是一种学习形式，（2）它没有与认知科学建立关联，因为它只关注了能够观察到的行为，而不是那些能够产生行为的内部过程，（3）它没有将文化学习以一种可以与其他类型的社会学习行为——无论是在概念上的还是实践中——区分开的方式进行表征。

备选研究框架

为了解决这些问题，我提出了如图 4.2 所示的备选研究框架。这个方案中的上位范畴是“学习”——对通过经验获得的长期记忆的信息进行编译记录的行为。[1] 当学习行为是通过与其他个体发生联系而获得辅助的时候，这种学可就被称为“社会学习”。（这是研究者最经常使用的术语，“复制”、“模仿”和“公共信息使用”等其他术语也是较为常见的描述方式。）当学习行为没有得到其他人的辅助时，这种学习就被称为“个体学习”（或“非社会学习”“私人信息使用”）。“文化学习”是社会学习中的一个子类型，涉及专门用于文化进化的认知过程，例如，它们会强化信息从一个个体传递到另一个个体时的保真度。

值得关注的是，在这个研究框架中，个体学习、社会学习和文化学习之间的区别并不在于学到了什么，而在于如何学到。现在世界上的很多地方，火车站台和体育场的入口都设有旋转栅门（或称为“大腿杠”）。当某人学会了使用旋转栅门——穿过时不被旋转的铁杠打到大腿——那么他就学到了大多数人会认为既具有社会性质又具有文化性质的信息，这是因为这些信息涉及他们所处环境中的某一方面，且在不同的人群中有所不同。但学习使用旋转栅门并不必然会涉及社会学习或文化学习。当学习使用旋

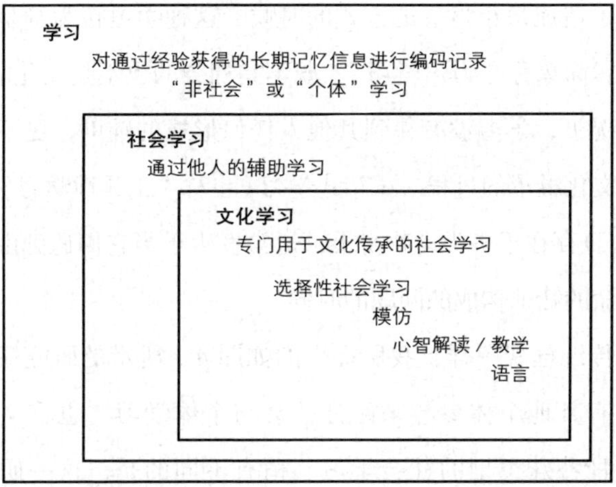

图 4.2　一个用于探究学习、社会学习以及文化学习之间的关系并能够使认知科学与文化进化论之间形成对话的研究框架

转栅门需要依赖于口头指令的时候（“先把票放入插槽中，然后轻轻倚靠横杠”，诸如此类），这种学习行为就既包括社会学习又包括文化学习。在这种情况下，学习得到了其他人的辅助而成为社会学习，并且还涉及了一种专门用于文化传承的机制——语言。当学习者通过观察其他人通过旋转栅门的方式注意到票槽的时候，学习使用旋转栅门就是一种社会学习但不是文化学习。这种情况下，学习得到了其他人的辅助而成为社会学习，但却是通过一种领域一般性注意过程而非专用于文化传承的过程实现的。最后，当学习使用旋转栅门的行为是通过独自试错来进行的时候，也就是当学习者独自在旋转栅门前尝试以各种不同的方式通过，并最

终选择了造成最小疼痛的方式的时候，这种学习行为则是个体学习，或者简单称之为“学习”（既不是社会的也不是文化的）。在这种情况下，学习没有得到其他人任何形式的辅助，更不会有专门用于文化继承的过程。试错式学习（也称“工具性学习”和“强化学习”）存在于各类动物身上，通常发生于当它们遇到由社会的和无生命的特征构成的问题的时候。

和传统框架一样，我所提出的如图 4.2 所示的研究框架也根据是否有其他个体参与来区分社会与个体学习，也将文化学习视为一种特殊类型的社会学习。稍有不同的是，这一研究框架的两个特点为认知科学与文化进化研究提供了对话空间。第一，我的方案没有借助“过程”来区分个体学习与社会学习，也因此避免了误导：众所周知，社会学习依赖从个体学习中产生的各种认知机制。社会学习已经被行为生物学家们划分成了很多部分，他们也为每个部分进行了毫无新意的命名（比如前文中提到的例子），但仅仅是“强化刺激”、“观察调节”这类划分和标签的存在并不意味着它们就依赖于与个体学习所涉及的认知机制不同的认知机制。事实上，正如我将要在第 5 章中论述的那样，有证据表明，大多数社会学习行为——那些不是专门为文化进化而发生的社会学习行为——依赖与个体学习相同的一套认知机制；这其中涉及来自其他人的信息输入，但是这些信息输入在被编码成长期记忆时所用的机制，与无生命的信息来源的信息输入机制是相同的。

第二，尽管我的方案也做了类似传统研究的假设，即文化学习涉及专门用于文化传承的过程，但它并没有具体假设这些过程被专门化的方式和原因。相反，它调查了文化进化论者很少着眼或很少提供有效解决方式的三个问题。第一个问题是认知问题：如何在认知层面对文化学习的机制和社会学习的机制进行区分？第二个问题是影响力的问题：那些使文化学习与社会学习区别开来的特征以怎样的方式影响文化传承？（例如，它们是否使“改进了”的文化变体比“没有改进”的文化变体更易于传承？它们是否提高了这些变体在文化传承中的保真度？）第三个问题是专门化问题：遗传进化和文化进化是如何促成文化学习的专门化的？

我的研究框架并不诉诸“复杂性”或“推理”——这暗示我们已经知道了文化学习的机制在认知层面（即上文中提到的认知问题）的独特性是什么——而是用明示的方式对文化学习进行定义：着眼点在推定的文化学习的例子。在图 4.2 中，文化学习的方框中列出了 5 类被文化进化论者公认为文化学习的不同类型的心理现象（每一种都包含有行为效应以及稍具特定性的认知过程）：（1）选择性社会学习（也被称为“学习偏好”、“传播偏好”及“社会学习策略”），（2）模仿（当“模仿”一词作为“社会学习”的同义词时则被称为“真模仿”），（3）教学（或“教育”），（4）心智解读（也被称为“心智理论”“心智化”“共享意向”“社会理解”），（5）语言（还好他们只对它命名了一次）。这 5 类现象自然要以上文列出的关于文化学习的三个问题（认知、影响力和专门化）作为探讨的起点。然而，重要的是要记住，一个传统类别（比如“选择性社会学习”）仅仅是存在绝对保证不了这个类别在认知层面且（或）在文化进化方面具有一致性。例如，正如我将在第 5 章中展开讨论的，很可能，在类似“选择性社会学习”这样的单独类别中的行为效应，它的产生可归因于两个不同的认知过程，X 和 Y，而只有 Y 的效应促进了人类的文化积淀。

小结

本书中，我提出并采用了一个研究框架，在这个框架下，“社会学习”被理解为通过与他人接触得到某种辅助的学习（Heyes，1994），而“文化学习”是那些专门用于文化进化的社会学习。这个研究框架与目前大多数文化进化论研究者所使用的研究框架相似，但假定前提更少。它明确了三个重要问题，之前关于文化学习的研究几乎都没有提过它们，更不用说解决了。这三个问题中的第一个问题是认知问题：如何在认知层面对文化学习的机制和社会学习的机制进行区分？第二个问题是影响力的问题：那些使文化学习与社会学习区别开来的特征以怎样的方式影响文化传承？第三个问题是专门化问题：遗传进化和文化进化是如何促成文化学习的专门化的？第 5 章至第 8 章的案例研究将解答这些问题。

第5章

选择性社会学习

“社会学习”是一系列行为效应的统称，其中的大多数行为不仅存在于人类身上，也存在于各类动物身上。从最广义的层面来说，这里面包含了学习行为的各种情况，比如某人（“观察者”）的学习行为由于与他人（“榜样”或“演示者”）接触（或接触带来的结果）而受到影响。这里的影响包括学习的内容、时间、地点或方式。通过学习获得的信息可以是社会性的，也可以是非社会性的。学习者可以是天然的，也可以是人造的，比如昆虫、鸟类、鱼类、啮齿类、鲸类、灵长类、人类或机器人等，而接触方式多种多样，从嗅闻黏液痕迹到参加微积分讲座，不一而足（Heyes and Galef，1996；Hoppitt and Laland，2013；Whiten and Ham，1992）。

当他人的影响随着遭遇时的情况的变化（“时间”选择性）或者可学习对象的某些特征的变化（“对象”选择性）而变化时，社会学习就被说成是具有“选择性”或“偏向性”的，学习者也被认为是在使用某种“社会学习策略”。例如，有证据表明，当学习环境在近期发生了变化时，学习者可能更容易受到社会影响（这种现象有时也被描述为一种“不确定时复制”的社会学习策略或偏好），并且更倾向于受年长而非年轻榜样的影响（复制年长者），或者倾向于受多数人而非少数人影响（复制大多数; Laland，2004 ; Rendell et al.，2011）。

不同于模仿、心智解读和语言，选择性社会学习尚未成为心理学研究的一个主要关注点，但它自加利福尼亚文化进化学派成立以来就在该学派的研究中扮演着举足轻重的角色（Boyd and Richardson，1985）。他们的模型表明选择性社会学习可以影响知识和技能在某一人群中的传播方式，他们的讨论暗示选择性社会学习有助于使文化进化更具适应性，确保了“优秀”的文化变体比“低劣”的文化变体更易于传播。然而据我所知，加利福尼亚学派的成员从未明确指出选择性社会学习是如何实现这种选择性传播过程的（Clarke and Heyes，2017）。与研究选择性社会学习的发展心理学家和行为生物学家一样，加利福尼亚学派也假定这些偏好是认知本能，即社会学习是通过基因遗传的认知过程而具有选择性的。

其他公认的文化学习类型——模仿、心智解读、语言——看上去好像是人类特有的，但选择性社会学习在各类物种中都有发现，包括大鼠（Galef, Dudley and Whiskin，2008）、刺鱼（Webster and Laland，2015）、果蝇（Battesti et al.，2015）和食蛙蝙蝠（Jones, Ryan, Flores and Page，2013）。社会学习中的选择性特征有助于解释为什么社会学习具有适应性，因此也解释了为何社会学习在动物界也无处不在（Rogers，1988）。然而，社会学习在每一个物种中都具有选择性的证据却被视为是对选择性社会学习在人类文化中发挥了关键性作用这一观点的挑战（Fogarty et al.，2012；Henrich，2015；Laland and Rendell，2013；Rendell et al.，2011）。如果说选择性社会学习是一种文化学习形式，那么是什么原因使得人类的文化比其他动物丰富得多呢？为什么大鼠、刺猬、果蝇和食蛙蝙蝠没有显示出像人类一样的文化多样性？为什么这些物种以及其他同样能够进行选择性社会学习的物种没有显示出累积的文化变迁，即通过社会学习一代代积累智慧，产生复杂的技术、精致的社会实践活动以及关于整个世界的巨大知识宝库呢？

令人惊讶的是，文化进化论者很少提及这个挑战。我能够找到的一个我称之为“记忆假设”的答案（Fogarty et al.，2012）暗示了几件事。第一，社会学习在输出阶段通常是具有选择性的。例如，观察者从所有可学习对象那里获取信息，然后决定将哪个信息来源作为其采取行动的基础。第二，输出决策（比如选择哪个学习对象复制）是由那些与进行社会学习的心理过程不同的、更高级别的心理过程来实现的。第三，输出决策过程，即选择性社会学习的候选认知本能，大都是由明确的领域特殊性规则，例如复制成功者或复制年长者，引导的。第四，由于人类可以更加系统地应用记忆，所以这些规则或策略在人类身上比在其他动物身上能够得到更加有效的施展。举例来说，在执行复制成功者的方案时，人类能够记录下一个相当长的周期内的收益水平，并使用该记录来检测收益的变化，同时估算这种变化即将发生的概率。

对于为什么选择性社会学习有助于人类而不是其他动物的文化积淀的出现，记忆假说不是，也几乎肯定不会被当成是一个令人满意的一般解释。例如，没有确凿证据表明增强记忆力能够促进所有或大多数社会学习策略的效率，况且即便增强记忆力可以促进社会学习效率，这也只能够说明记忆力，而不是选择性社会学习，是与人类文化积淀相关的关键因素。然而，记忆假说概述了文化进化论者看待选择性社会学习的方式，因此也是我将在本章中提出的另一观点的起点。这里，我想提出几点看法。第一，社会学习通常在输入阶段而不是输出阶段具有选择性。例如，观察者会更密切地关注某些而不是另外一些学习对象，并因此从中习得更多信息。第二，用来调整来自他人的信息输入的心理过程——广义上的注意过程——与进行社会学习的那些心理过程是不同的，但这两组过程都是领域一般性的，也就是说它们不是专门用于处理动态刺激而不能够处理无生命刺激的。第三，在且只在人类中，社会学习偶尔会被作用于输出阶段的规则，被“明确的元认知社会学习策略”变得具有选择性，所用的方式与文化进化论者将所有选择性社会学习概念化的方式大致相同。第四，明确的元认知社会学习策略，如复制拥有最大规模船队的造船商以及复制数字原住民（即互联网时代到来后出生的人），通过提高社会学习的排他性、专一性和准确性来促进文化传承。第五，明确的元认知社会学习策略与其他元认知规则一样，是从其他人那里习得的。它们是认知工具（Heyes，2016a；2016c）。

第 1 节包括一个涵盖范围较广的焦点问题：它所阐述的论点和证据表明，社会学习因社会学习策略的使用而被认为具有选择性，它与其他（非社会）学习一样以来同样的核心过程和同样的信息编码过程。在这一分析的基础上，第 2 节表明，在非人类动物、儿童和成人身上发现的选择性大多数都可归因于对这些基本学习机制的输入调控。它既不是人类独有的，也不是为专门在社会化的世界中活动产生的。第 3 节重点关注那些只存在于人类中的选择性社会学习的罕见案例，从这些案例中，我们有理由相信其潜在的机制是由明确的、具有领域特殊性的规则引导的。我认为，这些机制属于元认知——代表其他认知过程的属性的认知过程——而规则是通过社会互动习得的。在最后一节，我就元认知社会学习策略如何促进文化传承提出了一些看法。

社会学习

由于某些我们无须过多拘泥于其中的历史原因，大多数关于社会学习行为的研究都聚焦在非人类动物身上，并且研究者主要是行为生态学家而不是心理学家。因此，对于认知科学家如何看待心理过程，相关讨论极少（见第4章）。然而，多年来，有一个被广泛接受的假设，那就是人类与其他动物的社会学习取决于与调节非社会学习的过程不同的通过基因遗传的过程（Klopfer，1961；Templeton, Kamil and Balda，1999）。这个共识现在已经不复存在了，如今许多行为生态学家和心理学家认为，大多数社会学习——很可能是所有非文化性质的社会学习——依赖与非社会学习相同的学习机制，这些社会学习是广泛关联的过程，通过在各种事件表现形式之间建立兴奋和抑制链，编码用于长期记忆的信息（Dawson, Avarguès-Weber, Chittka and Leadbeater，2013；Frith and Frith，2012；Leadbeater，2015；Hoppitt and Laland，2013）。有四条证据共同证明了这一结论（Heyes，1994）：

社会与非社会学习能力是共变的（Lefebvre and Giraldeau，1996）。在鸟类（Reader and Laland，2002）和灵长类动物中（Reader, Hager and Laland，2011），在社会学习测试中表现良好的物种往往在非社会学习测试中也有良好的表现。即使是在做统计分析时对体重、脑容量以及种系发生都有所控制的情况下，这种正相关性仍然存在。另外也有证据表明，社会和非社会学习在同一物种内部的不同个体之间也是共变的（Boogert, Giraldeau and Lefebvre，2008；Bouchard, Goodyer and Lefebvre，2007）。

独居动物具有进行社会学习的能力。的确，章鱼（Fiorito and Scotto，1992）和红足龟（Wilkinson, Kuenstner, Mueller and Huber，2010）等在野外独自生活的动物在实验室测试中证明了它们能够

并善于从社会线索中学习。

社会和非社会学习拥有各自的常见变体。这两种学习行为各自都具三种不同的基本类型（对于单一刺激的学习、对于不同刺激间关系的学习以及对刺激与反馈之间的关系或行为与其结果之间的关系的学习。参见 Heyes，1994；2012c），并且这几种类型中的社会和非社会学习行为都已经在包括人类在内的众多物种中被发现（Dawson et al.，2013；Leadbeater，2015）。例如，对行为与结果的社会学习曾经被认为是人类特有的行为，如今也在鸟类身上发现（Dorrance and Zentall，2001；Saggerson, George and Honey，2005）。

在社会学习行为中可以找到关联性学习的痕迹。尽管经过精心设计的、研究调节社会学习的认知机制的课题数量相对较少，但是有此目的的研究都发现了社会学习以关联性机制作为推动力的迹象（Cook, Mineka, Wolkenstein and Laitsch，1985；Cook, Press, Dickinson and Heyes，2010；Olsson and Phelps，2007；Alem et al.，2016）。例如，研究人员结合数学模型与功能性脑成像技术对人类决策行为进行研究后发现，基于对预测误差（期望与接收到的刺激不匹配）的估算，对来自社交伙伴（社会学习）的信息的处理和对来自个人的奖励反馈经验（非社会学习）的信息的处理所用到的计算是相同的（Behrens，2008；Garvert, Moutoussis, Kurth-Nelson, Behrens and Dolan，2015；Hill, Boorman and Fried，2016）。我们对于社会和非社会线索的处理有时是在不同的大脑区域中进行的（Behrens, Woolrich, Walton and Rushworth，2007）。

然而，有证据表明，与其严格区分社会与非社会学习，每个大脑区域或许都具备处理社会和非社会线索的能力，还可以根据哪种类型的线索与现有状况的关联性更强而在二者间随意切换（Cook，2014；Nicolle et al.，2012；Rushworth, Mars and Sallet，2013）。

综上所述，这四条证据强烈暗示，社会与非社会学习是由同一套关联性过程调节的。

选择性学习

20年前，如果有人指出，编码长期记忆信息所用的关联性机制在社会学习和非社会学习中是一样的，这种观点在当时会被认为是非常激进的。但如今，这个观点已经被许多社会学习研究方面的专家接受，而且关于领域特殊性与适应性专业化的争论也已经发生了转向。目前的研究重点集中在如下这类认知机制存在的可能性上：有一类专门用于遗传进化的认知机制，其作用不是将通过社会途径获得的信息长期储存，而是使社会学习具有选择性。例如，某些过程，在特定环境条件下（时机选择性），会促进来自特定类型的学习对象或者其他人的信息（而非独立获取的信息）的使用（对象选择性）。

一、策略路径与注意路径

使社会学习行为具有选择性的机制有两种概念化路径。其中占主导地位的概念化路径被我称为“策略路径”，暗指选择通常发生在输出阶段。当一位观察者同时看到两个学习对象在从事不同的工作时，他会同时记录来自这两个人的输入信息——例如，他学到推或拉把手都可以开门——随后，再遇到把手时，他就自己决定选择哪种方式开门。因此，根据策略路径，具有选择性的是学习之后的表现而不是学习行为本身。进行社会学习的学习者通常会习得所有可用的信息，但对于如何使用这些信息指导自己的行为却会非常挑剔。这样的选择机制可以被描述为根据某项“规则”或“策略”，比如模仿有威望的人（威望偏好）做决定（Laland，2004；Henrich，2015）。关注策略路径的研究人员多会避免对认知机制做出明确承诺（Hoppitt and Laland，2013），但是前文中提到的那些行为“公式”（比如模仿有威望的人等）意味着使社会学习具有选择性的机制应当是高级别的。说到某人“使用”某种策略，就是在暗示这是一个自主行为而非自动过程。用文字描述这些策略本身，比如模仿有威望的人，暗示其所使用的是一种能够以报告形式编码的规则，模仿则暗示该规则与有关社会学习的决策明确相关，也就是说这些策略是具有领域特殊性的。如此一来，尽管输出选择性原则上可以通过相对低水平的自动过程来实现，但是那些从事策略路径研究的人认为，在选择性社会学习中，输出选择性是由高级别的过程决定的。

另外一种“注意路径”则提出，选择发生在接收信息的时候。也就是当一位观察者同时面对做不同事情的两个学习对象的时候，他对其中一个人的观注比对另一个人更加密切，因此对一种行为的了解比另外一种多。例如，他所形成的对于推门和开门之间的联系的表达要强于拉门和开门之间的联系，因此在开门时他会更倾向于将门推开而不是拉开。一个更具威望的学习对象可能会吸引更多的注意力，这表明观察者倾向于更关注贵族或上流社会人物，而不是广大民众——一种可以被称为“威望偏好”的实证效应。然而根据注意路径，这种偏好缘于低级的或自动的注意过程对学习行为的调控，而非缘于在信息通过行为展现的时刻对明确规则的运用（Heyes，2011；Leadbeater，2015）。

策略路径和注意路径分别与前文所概述的论点一致，无论学习的过程中是否有其他人的影响，换言之就是，无论学习行为（被描述成）是社会的还是非社会的，编码长期记忆信息的机制都是相同的。然而，策略路径意味着那些机制控制的是处在“顶端”的领域一般性学习过程，更高级别的过程是领域特殊性的，也就是说它们负责调节人们使用从社会渠道获取的信息的时机以及对学习对象的选择。那些推崇策略路径的人也倾向于认为，领域特殊性的、更高级别的选择过程，是通过基因遗传的，比如人类的威望偏好就是一种认知本能。与之相反，注意路径则假设使社会学习具有选择性的机制是处在“上游”的领域一般性学习过程——它们发生在学习之前——且强调了这些上游的注意过程也具有领域一般性的可能性。它们并不是为了调节对社会线索的注意而专门进化来的，在社会和非社会线索之间以及各自内部，它们的选择方式都是一样的。

对领域一般性注意过程的研究表明，当某个刺激在感知上较为显著时（例如，如果这个刺激是响亮的、明亮的或突然发生的；Yantis and Jonides，1990），这样的刺激更容易引起注意；或者当刺激与某人的情绪状态相关时，这样的刺激也容易引起注意例如，焦虑和抑郁会使我们的注意力偏向那些具有威胁的刺激（MacLeod, Mathews and Tata，1986），而积极的情绪会将注意力偏向那些吸引人的、具有奖励性质的刺激（Tamir and Robinson，2007）。在这种情况下，对特定刺激 S 的注意会受 S 本身的性质以及在注意选择发生时观察者所处状态的影响。在其他情况下，注意力会随着之前注意 S 的结果而改变。当对 S 伴随着丰厚的经济回报时，关注 S 所产生的效应会更加持久（Della Libera and Chelazzi，2006），另外，曾经被证实为良好预测因子的那些刺激所获得的注意要比被归入较差预测因子的刺激更多（Le Pelley，2010；Mackintosh，1975）。

举例来说，在一项任务中，刺激在双重维度（比如色彩与线条方向）上发生变化，但只有一个维度（比如色彩）能够独立预测该刺激所属的类别，完成这项任务后，在随后的一项新的定位任务中，两个维度具有同样的预测性，人们会无意识地倾向于注意先前表现出预测性的刺激维度（色彩）而非没有表现出预测性的刺激维度（线条方向；Le Pelley, Vadillo and Luque，2013）。类似这种向成年人类和非人类动物施加色彩、线条这类非社会刺激的研究表明，注意力可以通过学习调控。注意力不仅能够被高度显著的刺激——响亮的、明亮的或突然发生的线索——吸引，还会被那些被经验证实的对后续事件有良好预测能力的刺激吸引。在这种情况下，通常会有所谓的“学习三明治”的存在：先前的学习会影响当前场景下的刺激的吸引力分布，并且这种分布情况也会影响通过观察当前场景和后续事件所获得的经验知识。

二、领域一般性选择的案例

大多数文献记载的选择性社会学习案例——儿童的、成人的以及非人类动物的——都可以用注意路径来解释。如果相对低水平的领域一般性过程（也就是认知科学家采用主观上随意的非社会刺激去研究的过程）在人们彼此互动时仍起作用，这些案例是可以被我们预见的（Heyes，2017a；Heyes and Pearce，2015）。

这里提供一个关于长尾黑颚猴的“对象选择性”的例子（van de Waal, Renevey, Farve and Bahary，2010）。在这项研究中，一只占统治地位的雌性或雄性长尾黑颚猴打开盒子上两扇门中的一扇取出食物的行为被反复地演示给其他低级别猴子看。随后当这些“观众”获得自己打开盒子的机会时，研究人员发现，雌猴的观众比雄猴的观众更偏好学习对象使用过的门。这究竟是因为这些低级别猴子在观察雄性和雌性学习对象时，均可学到门与食物之间的关联，只是更愿意复制雌性学习对象的行为（策略路径），还是因为低级别猴子更关注雌性学习对象，因此在观察雌性时学到了更多关于门与食物的关联（注意路径）呢？范·德·瓦尔和他的同事（2010）在研究中发现了支持后一种解释的证据：通过对注意力的严谨测评，他们发现，观察者更倾向于观察雌性而不是雄性学习对象打开盒子。这一结果表明，在心理学机制的层面上，雌性学习对象比雄性学习对象更加有效，因为雌性吸引了更多的关注，并且这种关注偏好的形成很可能是由于领域一般性学习。在长尾黑颚猴群体中，雌性是种群中的归家性别——雌性始终生活在它们出生时所在的群体中，而雄性在性成熟后就会移居到另一个群体。因此，平均而言，雌性要比雄性更了解当地的环境。因此，大多数长尾黑颚猴也都有机会知道，雌猴的行为比雄性更具有预测性，也就是说，观察雌性更有可能知道接下来将会发生什么，从而获得对雌性的关注偏好。

人类儿童行为中的“对象选择性”偏好直到大约 5 周岁时，都可以用领域一般性注意路径解释（Heyes，2017a）。例如，我们已经知道，儿童会表现出威望偏好，即他们更倾向于模仿成人认为的具有更高社会地位的学习对象（Bandura, Ross and Ross，1963；Harvey and Rutherford，1960），比如他们的校长，而不是性别相同的同龄人（McGuigan，2013）。此外，最近的研究结果也表明，儿童更倾向于将他们所能观察到的得到社会认可的人，而不是那些受社会反对或没有得到社会反馈的人，作为学习对象（Fusaro and Harris，2008）。这两种“对象”偏好的形成很可能是由于领域一般性的学习过程对注意力的调控。如果我们假设一些标志社会认可的行为（注视、微笑、口头表扬）对儿童来说是有益的，当他们被反复指向特定的某人时，这种配对（通过一种被称为“高级条件作用”的关联过程）可使此人的可观察特征更引人注目（Rashotte, Griffin and Sisk，1977）。因此，当儿童模仿某种行为时，他会更加关注被模仿的那个人，从而增加学会这一行为的概率。

幼儿的“时机选择性”偏好也适用于领域一般性输入调节模型。例如，威廉森、梅尔特佐夫和马克曼（2008，实验1）曾使用一个三步骤流程对3周岁的儿童进行测试。三个步骤包括：准备、观察和测试。在准备阶段，孩子们分别获得一个简单或困难的任务，比如打开一个滑动顺畅（简单）或被油灰卡住（困难）的抽屉，并从中寻找某件玩具。在观察阶段，他们观看成人使用独特的方法去执行简单的任务，比如先按下第二个抽屉前面的一个小按钮，然后将抽屉顺畅地打开，并在里面找到一个玩具。在测试阶段，孩子们重新进行他们在准备阶段时被给予的任务，但这一次他们执行的全部都是简单的任务，比如打开在同一橱柜中的另外一个滑动顺畅的抽屉。实验结果表明，在实验开始时被给予困难任务的儿童比遇到简单任务的儿童更倾向于复制成人学习对象使用的方法，即按下抽屉前面的按钮。

威廉森和他的同事用“策略路径”对这一实验结果进行解释——提出儿童是在“依据规则”进行具有选择性的复制（Williamson et al.，2008：282）——其实他们的行为完全符合注意路径。在人类和非人类动物中进行的对于非社会学习的实验表明，关联性学习的机制是由“预测误差”——事件（某种刺激或行为）发生后的预期后果与事件发生后的实际后果之间的差异——推动的（den Ouden, Friston, Daw, McIntosh and Stephan，2009；Schultz and Dickinson，2000）。从广义上讲，预测误差越大，学习者越关注该事件与其结果之间的关系（Rescorla and Wagner，1972）。这样看来，在威廉森和他的同事（2008）开展的实验中，只要孩子们的行为以关联性学习为基础，这些行为就会与预期完全一致：他们在观察阶段更关注学习对象的行为，结果，在准备阶段出现较大预测误差时（比如他们以为拉动抽屉就可以使其顺畅地打开，但实际上抽屉卡住了）比在准备阶段出现较小预测误差时（比如他们认为拉动抽屉就会使其顺畅地打开，并且尽管事件发生的过程并不像他们预想的那样，但是抽屉的确顺畅地打开了）他们学到的更多。

即使是在成年人类中，也有证据表明社会学习的选择性通常缘于低级别的领域一般性过程。例如，贝伦斯和他的同事（2008）在对成年人进行的研究中，为接受测试的成年人安排了一个计算任务，这个任务需要被试者通过在大量的连续性测试中选择一个蓝色或绿色的盒子来获取分数。在连续性测试的每一个测试界面中都会出现一个用红框标记的蓝色或绿色的盒子，以此表明这个盒子是由测试顾问推荐给被试者的。这样被试者就可以利用个人和（或）社会信息来做决定：在任意一个给定的测试中，他们可以根据自己在最近测试中所积累的关于每个盒子价值多少分值（个人信息）的经验和（或）测试顾问的建议（社会信息）来选择盒子。在实际测试中，被试者以高度灵活和适应实际需求的方式使用了这两种信息。如果在测试过程中，个人信息在预测蓝色与绿色盒子两种选项的当前分值时比社会信息更准确，那么被试者对个人信息的使用就会多于社会信息，而当社会信息比个人信息预测得更加准确时，被试者则会更多地依赖社会信息。因此，这个测试结果被视为一项针对社会学习的选择性的实验，它显示了一种相当微妙的“时机选择性”，随着时间的推移和测试的进行，被试者对于社会学习的依赖达到了社会线索能预测而个人线索却无法预测决策结果的程度。贝伦斯等人的研究的关键特征是，他们通过对脑成像数据进行数学建模分析，为关联性学习机制可用来追踪个人线索和社会线索的预测价值这一结论提供了确凿的证据。个人和社会线索的价值是通过大脑前扣带皮层的两个不同但相邻的区域计算预测误差——关联性学习的痕迹——获得的，在做决定时，这些平行的信息流是在大脑腹内侧前额叶汇总的。

这些在非人类动物、儿童和成人中的研究案例表明，社会学习是可以通过与其他非社会学习行为相同的方式获得选择性的：通过低级别的、领域一般性机制，而这其中的大多数都是调节注意力的机制。因此，社会学习具有选择性的单纯事实并不足以证明使其具有选择性的遗传或非遗传机制的存在。

选择性社会学习

为了寻找能够证明专门用于社会学习的策略——文化学习的候选机制——存在的证据，我们需要为社会学习策略这一概念在认知科学领域寻找一处归所，并更加仔细地研究成年人身上的选择性社会学习。

一、明确的元认知

我提出，选择性社会学习在人类与其他动物之间关键的、与文化有关的差异在于，人类的某些社会学习是通过明确的元认知而变得具有选择性的（Shea et al.，2014），即通过有意识的、可报道的、代表“谁知道”的领域特殊性规则，也即这些规则的使用者及其他个体的认知过程的属性。这些规则或“元认知社会学习策略”的潜在案例包括“模仿拥有最大规模船队的造船者”以及“模仿数字原生代”。元认知规则将社会学习精准地集中于知识经验丰富的人身上，鼓励具有高保真度的行为复制。由于这样的复制行为是排他的、专门的、准确的，因此它可以通过强化“亲子关系”（Godfrey-Smith，2012），保持小规模的有用变化并将其推广来推动文化进化（Heyes，2016a；2016c）。

这种元认知假设在直觉上很有吸引力。我们中的大多数人都能够回忆起自己曾经有意识地反复琢磨“谁知道”这个问题，并在慎重考虑的基础上决定自己该以谁为榜样、向谁征求意见或是否有足够把握自己出去试着闯一闯。除了直觉外，正式的证据——社会学习可以通过元认知社会学习策略获得选择性——出自一些对成年人的研究。在这些研究中，成年人表现出选择性，但这种选择性无法仅由低层次的领域一般性认知过程的作用解释，并且这种选择性与他们明确表达出来的信念是一致的。

例如，在觅食与感知测试中，被试者被要求在能够使用社会信息进行最后决策之前，先做一个初步的决定，并就他们做这个决定的信心给出一个明确的判断（Morgan, Rendell, Ehn, Hoppitt and Laland，2012）。我们发现，被试者对于自己的信心的判断是准确的——他们对错误决定的信心要低于正确决定，并且，重要的是，被试者越没有信心，则越倾向于使用社会信息，这表明他们有意运用了“不确定时复制”的规则。同样，在另一个觅食任务测试中，被试者使用社会信息——二选一的建议，他们相信建议提供者是为了帮助而非误导他们（Diaconescu et al.，2014）。被试者明确表示了这个信念，当被试者得知建议提供者自己也不知道该推荐哪个选项时，那个最基本的效应——建议提供者的动机和被试者对社会信息的使用之间的协变作用——就消失了。因此，这些结果表明，被试者使用了一种明确的元认知策略，比如“在学习对象有意提供时复制”。

二、元认知策略是通过学习获得的

按照元认知假设的观点，选择性社会学习的策略路径只在极少数案例中是正确的。在绝大多数动物以及幼儿的案例中，社会学习的选择性仅仅缘于低层次的领域一般性心理过程。但偶尔，且只在人类中，社会学习信息确实是通过明确的规则（能使用类似于“复制数字原生代”这样的简单公式来描述的规则）以一种自上而下的方式来管理的。将这些规则识别为明确的元认知，就在行为生态学与经济学中的社会学习策略研究与认知科学中的元认知研究之间建立了关联。元认知是认知科学领域中日益流行且逐步取得进展的研究课题（Fleming, Dolan and Frith，2012）。因此，随着时间的推移和研究的深入，这种学科间的连接将为我们揭示与社会策略乃至文化进化的计算和神经基础有关的大量信息。

元认知假设的一个直接含义是，社会学习策略——真正的元认知社会学习策略——更有可能是经由文化而非基因传承的。它们是认知工具，而不是认知本能。证据就是，其他明确的元认知规则通常是通过社会互动习得（Bahrami et al.，2012；Hurks，2012；Mahmoodi et al.，2013）并因此表现出显著的跨文化差异（Güss and Wiley，2007；Heine et al.，2001；Li，2003；Mayer and Träuble，2013）。举例来说，西方的儿童能够通过学习使用“语义聚合”的方式从记忆中找出动物的名字（比如先想到鸟类，然后是哺乳动物；Heine et al.，2001），而成年人通过社会互动进行学习来明确地表达对众人智慧强于个体智慧的信心（Bahrami et al.，2012）。

鉴于这些发现出自一般的元认知研究，我们可以认为元认知社会学习策略也是通过社会互动进行学习的产物，并在不同的文化中有所差别。与这些预测中的第一条预测一致，我始终无法在 4 岁或 5 岁的儿童中找到可以证实元认知社会学习策略存在的证据，也就是说，在儿童有机会通过指令学习到这样的策略之前，他们是没有元认知社会学习策略的（Heyes，2017a）。

与第二个预测一致的是，有证据表明成人使用的元认知社会学习策略具有跨文化差异（Efferson et al.，2007；Eriksson，2012；Henrich and Broesch，2011；Mesoudi, Chang, Murray and Jing Lu，2015；Toelch, Bruce, Newson, Richerson and Reader，2014）。例如，与西方人相比，斐济人从受过正规教育的人那里寻求建议的可能性更小（Henrich and Broesch，2011），而与英国人相比，中国人进行社会学习的情况更多，且他们的社会学习行为对不确定性的依赖也更少（Mesoudi et al.，2015）。

因此，元认知社会学习策略不是通过基因继承或者由不同个体使用者重新设计的，事实上它是从他人那里习得的。比如，我并不是靠自己发现当我在使用电脑遇到麻烦时向数字原生代学习的行为是个不错的主意，而是我的一个有青少年子女的朋友告诉我这样做的，并且从那之后，我就一直盲目地采用这个策略，也就是说，我并没有比较在这一问题上年轻人和年长者提供的建议在质量上的差别。

三、元认知策略促进文化进化

我在第 3 章中概述了关于认知的双重过程的观点。这里我阐述了选择性社会学习的双重过程的观点，并提出大多数社会学习策略或学习偏好是“行星式的”——基于领域一般性心理过程，而只有在人类中发现的少数社会学习策略及学习偏好是“厨师式”的——基于明确的领域特殊性规则（Heyes，2016c）。行星的运行符合规则，但行星本身不理解这些规则，也不会有意地去运用这些规则，因此科学家们明白行星运行的规则，但行星本身对于其运行规则并不理解。同样，非人类动物和幼儿的行为，比如模仿成功者或年长者，是可以通过公式来描述和预测的，但是这些行为策略或规则是科学家看到并理解的，而行动者本身并不理解。相比之下，当人们使用明确的元认知社会学习策略时，他们则更像厨师而不是行星。厨师们是知道他们的行为所符合的规则的，并且他们的行为与规则的契合也部分源于他们对规则的了解。

“厨师”的比喻在这里尤其适用，因为许多菜谱事实上也都是文化进化的产物。它们经过几代人根据当地条件——气候条件，配料、燃料和烹饪器皿的可用性——进行的适应性改变，并被新一代通过社会学习习得，学习方式包括观察专业人士，在营火旁、厨房里观摩，在有些地方学习方式是看菜谱。而且，我认为，明确的元认知社会学习“菜谱”也是如此。“优质的”元认知社会学习策略——在某个特定社会认知生态中能够准确编码“谁知道”的策略——是文化进化的产物，通过非正式场合的社会交往、在学校以及通过阅读习得。人类并不是通过遗传获得如下倾向的：在出现健康问题时模仿药用植物专家，在渔网出现问题时模仿捕鱼专家，或者为了避免盲从只在能看到回报的时候才模仿大多数人（Wisdom et al.，2013）。这类策略或学习偏好——真正具有策略性及属于文化进化的唯一类型——是通过榜样或指示向其他人学习获得的。它们是认知工具，而不是认知本能。

选择性社会学习的双重过程的观点也远不是扁平化的。这一观点表明，即使是行星式的社会学习策略也比之前想象的要更加灵活与高效。如果像行为生态学家和经济学家假设的那样，社会学习策略是遗传进化的固定产物，它们固然可以使社会学习具有选择性，但这种选择性的产生只能以提升祖辈对环境适应程度的方式存在。例如，在很久以前的那个年代，如果年纪较大的人更加善于提供更可靠的信息，那么今天的人也会倾向于模仿年长者，即便是在技术日益精进的当今社会，年轻人往往知道得更多，至少在某些领域如此。相反，由于行星式社会学习策略源自领域一般性的学习过程，行星式社会学习策略使社会学习具有选择性的方式在一生的时间里会迅速变化以适应社会和非社会环境的改变。因此，如果年轻人在特定的情况下可以提供更可靠的信息，在这些情况下人们就会学到更关注并模仿年轻人的行为。

由于双重过程的观点甚至将行星式的社会学习策略也定义为极具灵活性和适应性的，这一观点使得我们难以识别厨师式的明确的元认知社会学习策略的优势，因此无法讲清楚促进文化的独特的人类选择性社会学习究竟是什么。以下是应对这一挑战的一种尝试。

*第一步，从元认知到更优的社会学习策略。*明确的元认知社会学习策略能够更精准地将社会学习集中在知识经验丰富的对象身上，这是因为明确的元认知社会学习策略本身就是文化进化的产物。元认知社会学习策略是在社会交往的背景下通过学习获得的，并将前人积累下来的关于在不同领域中谁最在行的智慧进一步萃取沉淀。行星式的社会学习策略可以只根据一个人的经验（使用者的经验）进行更新。假如一个人在模仿年轻人时获得了比他坚持非社会学习（或模仿年长者）时更多的回报的话，他将——用行星式的策略，也即通过领域一般性机制——形成一种模仿年轻人的学习行为偏好。但是这种偏好具有适应性的可能性比较小，因为它所应用的领域是狭窄的。它来自一个规模相对较小的包括年轻人和年长者的样本，即学习者试图模仿的是少数个体。相比之下，当一个中年人通过明确指导或是跟随时代潮流学习模仿数字原生代的时候，他就是在根据多数人的回报经验习得元认知社

会学习策略，这里的多数人包括通过子女学习了信息技术并告知其他人的人。因此，遗传的社会学习策略宽泛但缺乏灵活性，行星式社会学习策略灵活却应用范围狭窄，只有元认知社会学习策略既宽泛又具有灵活性。

第二步，从更优的社会学习策略到更高的保真度。由于元认知社会学习策略可以更精准地识别“谁知道”，这就增加了学习者凭借更高的模仿保真度获得更多收益的可能性。在这种情况下，保真度至少有三个组成部分。第一，专属性。从一个或少量学习对象身上获取信息，而不是从大量个体身上获取和汇集信息（比如模仿大多数）。第二，特殊性。模仿精细而非粗糙的“谷”（认知），也就是精确复制某一动作是在何时、何地、如何以及按什么顺序执行等细节。第三，准确性。在模仿时不引入随机错误或基于非社会化学习的变化（Goodnow，1955）。[1] 当高保真度模仿处于最优状态时，促进专属性的元认知社会学习策略便会受到文化进化的青睐（例如，模仿拥有最大船队的造船者的船型设计会比模仿大多数船的船型设计获得更多利润；Godfrey-Smith，2012），并且个人和群体都负担得起让模仿具有高度特殊性及准确性的工具和认知机制的开发。认知机制包括将注意力集中到某一学习对象的行为细节（及编码行为各部分的序列加工）的执行过程，以及能将观察到的行为翻译成观察者的匹配行为的感觉运动过程。

第三步，从高保真度到文化进化。戈弗雷-史密斯（Godfrey-Smith，2012）曾提出，文化进化的群体模型旨在解释文化特征的分布，比如，在某个群体中，为什么一些思想或技能比其他思想或技能更为常见，而对于选择论模型而言，它解释的不仅是文化特征的分布，还包括文化特征的来源，例如，用海豹皮建造独木舟这样的特殊技能是怎样产生的（见第 2 章）。对文化特征分布的解释——将群体遗传学中的模型应用于文化现象——其成功与否，主要取决于文化领域中良好的“父母子女之间的传承关系”。在基于基因的进化中，每一个新的案例或文化类型的“表达”都必须是一个或少数已有表达的副本。但是，先发生的与后发生的表达之间仅仅相似，或是后发生的表达只是随意地受到先发生的表达的激发，都是远远不够的（Godfrey-Smith，2012；Shea，2009）。就好像是我通过模仿你制作面包的技术学会了做面包，并且我在学习你制作面包的技术时没有将你的技术与其他人制作面包的技术（或是我自己关于做面包的一些不错的想法）结合，那么可以说我做面包的技术是你的面包制作技术的“后代”。因此，假如元认知社会学习策略促进了社会学习中的专属性与准确性（见第二步），也就是说，假如元认知社会学习策略减少对一个文化特征中的每个新表达有益的模型或榜样的数量，并减小非社会化学习对该模型的影响程度，元认知社会学习策略便能够强化亲子关系，从而增强群体模型解释文化特征分布的能力。或者更直接地说，元认知社会学习策略有助于创造能够使文化变异的分布随时间的推移在地域层面进化所需要的条件。

根源式解释——某个文化变异的改善是如何积累并形成像海豹皮独木舟这么了不起的产物——则不像分布解释那样依赖强大

的亲子关系。然而，它们却需要文化变异以小而逐步的方式变化，并且有用的新变异在种群中传播的方式是创造出许多“可进行小修小补的独立平台”（Godfrey-Smith，2012）。换言之，一个了不起的成就可以归因于文化进化，而不是一连串单独个体的洞察力和开创性，是因为每一次改进都是基于多数人，而不仅仅是少数几个聪明人对原有变异的利用（Amundson，1989）。因此，社会学习的特殊性和准确性均与根源式解释相关。特殊性——精细而不是粗糙地复制认知的“谷”——有助于保持小规模创新的发生。准确性——在模仿过程中引入最小量的随机误差或非社会化变化——有助于确保小规模的创新能够完整地在群体中扩散。在达尔文的进化论模型中，变异的产生和准确地保留之间始终存在矛盾（Campbell，1974），但是就元认知社会学习策略支持详细且精确的复制学习行为而言，它们更可能是有助于文化进化而不是一连串个体的聪明决定，产生的复杂的理论、人工制品和实践方案。[2]

小结

在本章第 1 节中，我对如下证据进行了调查：无论学习行为是社会性的还是非社会性的，也就是说，无论学习行为是否受到与他人接触的影响，对编码信息进行长期存储所使用的认知过程都是相同的。研究人员对于这一发现已经不再有争议。相反，那些将社会学习视为“不同寻常的”的研究人员目前主要关注的是选择性社会学习。他们提出，在人类和很多动物中，存在一些领域特殊性过程——被称为社会学习“策略”或“偏好”——以自上而下的方式对通过社会学习获得的信息进行调控。我在随后的第 2 节中挑战了这一观点，我认为，在非人类动物、幼儿（很多时候也包括成人）中，选择性社会学习是通过低级的领域一般性机制——也即使所有学习具有选择性的关注过程——实现的。然而，在第 3 节中，我也指出策略路径在某些时候可以是正确的。在人类中，元认知规则有时能够使社会学习具有选择性，而元认知规则也就是通过文化传承的、对于“谁可能拥有最优质信息”以及“什么时候要依靠这类信息而非个人见识”的可表达的概括。在最后一节中，我更加仔细地探究了使用明确的元认知社会学习策略（类似于厨师所使用的规则）如何影响并推动文化进化。

自 20 世纪 80 年代以来，选择性社会学习已经成为文化进化的研究焦点，然而在心理学家的研究范畴，选择性社会学习却很少出现。相比之下，下一章重点讨论的主题——模仿——则在一个多世纪的时间里一直被心理学家和生物学家奉为一种对文化积累至关重要的独特的人类认知机制。

第6章

模 仿

模仿是社会学习的“兰博基尼”。

我们假设社会学习是一个车库，它拥有许多载有信息的“车辆”，信息在“车辆”间进行传递，且这种传递具有令人兴奋的名称，如“刺激增强”和“观察调节”。模仿一直被视为社会学习车库中的跑车。长期以来，人们认为，模仿涉及由遗传负责的、用于高保真度的文化传承的复杂计算，它应用于高保真文化的传承，而且这种出生时就存在的认知本能在让人类制造和使用工具方面起着至关重要的作用（Washburn，1908）。[1]

模仿令人印象深刻，因为它解决了“对应问题”。对应问题的棘手反映在两个方面——这个问题很难发现且很难解决。即使是一些社会学习方面的专家也很难理解对应问题。要理解它，请试想图6.1中正在发生的事情。小男孩的行为与前面男人的行为非常相似——“外形上”相似。也就是说，男孩身体的某些部分（他的手臂和躯干）与成年男人身体的

图 6.1　关于模仿的一个例子

相应部位一样。他们的手臂都放在背后。这个特点——外形上的相似性——是把男孩的行为看作模仿而不是其他的社会影响。模仿发生在观察者观察模仿对象后在外形上表现类似的行为时。[2] 但通常情况下，如图 6.1 所示，外形上的相似性只能从第三方的角度来看。例如，在旁观者看来，这个小男孩看不到这些东西。当他模仿男士们，俯首、双手放在背后时，他能看到的只有地面，或者是前面男士们的脚后跟。对男孩来说，手背就像脚后跟。男孩能感觉到自己的动作——肩关节轻微紧张，一只手触摸另一只手——但他感觉不到男士们的动作。他无法通过倾听对自己的动作和男士们的动作进行比较，因为手背不会产生人耳可以察觉的独特声音。那么，当男孩无法感知——看到、感觉或听到——相似之处时，他如何能产生从第三方角度看类似于旁人的行为呢？或者，更普遍地提出通信问题：当这些行为“感知上不透明”时，即在对被模仿行为的观察和执行过程中接收到的是不相干的感觉输入时，认知系统如何产生外形上匹配的行为？（Heyes and Ray，2000）

大多数模仿理论要么根本不提对应问题，要么认为它是通过一种独特的人类遗传的认知机制解决的——这种机制能够通过某些尚不明确的手段，弄清楚我们所看到的每一个行动的感觉，并且知道观察到的和被执行的行动之间在外形上的对应关系。本章的第 1 节对这些理论做了较多的介绍。第 2 节概述了解决对应问题的另一种方案：关联序列学习

（Associative Sequence Learning，ASL）模仿模型。ASL 模型比其他模仿理论得到了更多的证据支持，表明对应问题是由一种通过文化传承的认知机制解决的。这个认知工具不知道观察和执行动作之间的外形关系。它知道的就是有人看到了某些行为，并感觉到它们在一起。最后一节“这不是正确的！”讨论了对“模仿是认知工具”这一观点的反对意见，并提出，尽管其中一些反对意见是巧妙的，但没有一个是令人信服的。

简而言之，本章包含了一个观点，即模仿是一辆“兰博基尼”，它通过一套令人印象深刻的认知工具实现，但这套工具是在发展过程中由简单的组件组装而成的，“设计师”是文化而非遗传。

基因传递的黑匣子

安德鲁·梅尔特佐夫针对对应问题提出了一种优雅简洁的描述：认知系统如何“将可自我感知但看不见的动作与另一个可看到但无法感知的动作联系起来”（Meltzoff and Moore，1997）。20 世纪 70 年代末以来，他的模仿理论一直处于主导地位。当时，梅尔特佐夫和摩尔（1977）开始公布的证据表明，刚刚出生几个小时的人类婴儿就可以模仿一系列面部表情和手部动作。面部表情在感知上是不透明的——在观察和执行时，它们会产生非常不同的感觉输入——而新生儿对它们的了解很少。因此，这些令人吃惊的数据表明，解决对应问题的认知机制是遗传的。这些数据公布后，便有其他研究人员提出质疑，并报告这些数据的不可复制性（Anisfeld，1979，2005；Jacobson and Kagan，1979；Jones，2006；2007；2009；Koepke, Hamm, Legerstee and Russell，1983；Masters，1979；Mckenzie and Over，1983；Meltzoff and Moore，1979）。然而，梅尔特佐夫和摩尔以及一些其他的研究团队报告，他们成功复制并扩展了最初的研究成果（Ray and Heyes，2011），模仿依赖于先天机制或认知本能的观点成为发展心理学及其他领域的正统观点。

但这种先天机制的本质是什么？它是如何将“看到但无法感知的动作”转换成“自己的感知到却看不到的动作”的？这个问题从来没有得到回答。先天机制是一个黑匣子——一种仅由其输入（观察到的动作）和输出（拓扑相似的执行动作）来描述的设备。梅尔特佐夫和摩尔的“主动联运匹配”（active intermodal matching）模型将该装置描述为“天生的装备”，称它检测到“观察到的和预期的行为之间的等价性”，并提出先天机制将观察到的和被执行的行为“超模式”（supramodally）编码为“器官关系”（organ relations）——由身体运动产生的身体各部位的相应配置（Meltzoff and Moore，1997；Meltzoff，2002；2005）。主动联运匹配模型并没有提出允许器官关系源自观察到的身体运动或作为执行的动作兑现的计算方法。所以，主动联运匹配模型中存在某种先天机制，它解决了对应问题，但是其运行机制尚不清楚。

在认知神经科学领域，在梅尔特佐夫和摩尔（1997）发表他们对主动联运匹配模型的最充分阐述之前不久，贾科莫·里佐拉蒂（Giacoma Rizzolatti）和他在帕尔马的小组在猴子的前运动皮层中发现了一些具有非常有趣的特性的神经元（di Pellegrino, Fadiga, Fogassi, Gallese and Rizzolatti，1992）。现在它们被称为“镜像神经元”（Gallese, Fadiga, Fogassi and Rizzolatti，1996），这些细胞不仅在猴子执行特定动作（例如捏）时活跃，而且当猴子被动地观察到其他同类进行类似动作时也会保持活跃。在随后的研究中，研究人员使用单神经元记录和脑成像手段，已经证实镜像神经元也存在于成年人大脑的前运动和顶叶皮层中（Molenberghs, Cunnington and Mattingley，2012）。

帕尔马小组假设镜像神经元是遗传的，并认为它们的适应功能与“行动理解”有关，而不是与模仿有关（Rizzolatti and Craighero，2004）。然而，其他研究人员很快就认为镜像神经元为模仿提供了神经学基础，并将梅尔特佐夫和摩尔的新生儿模仿证据解释为人类出生时镜像神经元就存在的标志（Lepage and Theoret，2007）。现在有大量证据表明镜像神经元参与了模仿。例如，成像数据的荟萃分析显示，当人们模仿时，大脑的镜像神经元区域通常是活跃的（Caspers, Zilles, Laird and Eickhoff, 2010），而使用经颅磁刺激对这些区域进行干扰会选择性地破坏模仿行为（Catmur,Walsh and Heyes，2009；Mengotti, Ticini, Waszak, Schutz-Bosbach and Rumiati，2013）。鉴于此，人们很容易将镜像神经元视为对应问题的解决方案，因此也是对模仿的解释。但这是个错误，“参与”不是解释，除非我们知道镜像神经元是如何解决对应问题的，否则它只是另一个黑匣子。“人们如何模仿？”的问题成了“镜像神经元如何模仿？”的问题。目标转移但挑战仍然存在：需要确定使人和（或）镜像神经元能将“看到但无法感知”与“感知到却看不到”联系起来的信息来源，并解释如何处理这些信息才能让人和（或）镜像神经元产生类似于模仿对象的行为。

通过关联进行模仿

一、关联序列学习

几年前，我的研究小组开始着手应对这些挑战：找到一个真正的解决方案，而不是用黑匣子来解决问题。我们的研究涉及成人、婴儿和非人类动物，并使用行为和神经生理学方法。我们的研究以及其他研究小组的研究结果表明，对应问题是通过大量“匹配垂直关联”（matching vertical association）来解决的，如图 6.2 所示（Catmur, Press and Heyes，2016；Catmur et al.，2009；Heyes and Ray，2000）。匹配垂直关联是一个动作的感觉表征与同一动作的运动表征相联系，例如，一个人低头时的视觉图像与低头的运动图像联系在一起，运动图像既代表低头的感觉，又能发起低头的动作。感觉和运动表征之间的联系具有双向性和兴奋性：任一表征的激活都会增加另一个表征被激活的概率。当人们模仿时，方向是从感觉到运动。通过观察他人的行为来激活感觉表征，这种激活通过感觉和运动表征之间的关联传播到运动表征，由此产生的运动激活（但不强制；Heyes，2011）使观察者能执行

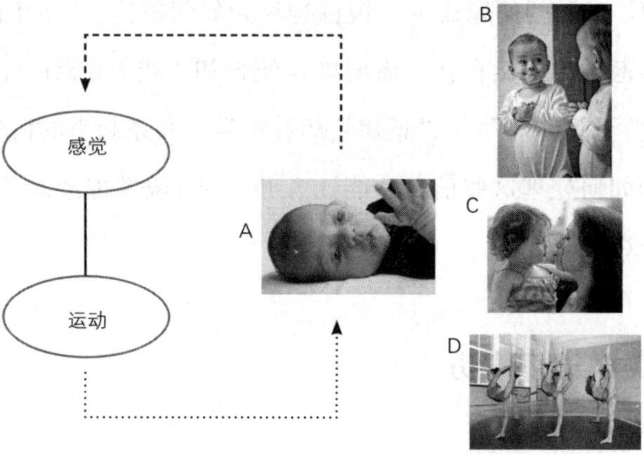

图 6.2　通过感觉运动学习获得匹配垂直关联。在最简单的情况下，自我观察（A），运动表征的激活有助于动作的执行（例如，使手变平；点虚线箭头），并且观察所执行的动作产生了相应的视觉表征的关联激活（短线虚线箭头）。关联激活加强了感觉和运动表征之间的兴奋联系，建立了匹配垂直关联（垂直实线）。由其他人（C）模仿的视觉镜像（B）和同步活动（D）为感知上不透明的动作提供关联的感觉运动经验，例如面部表情和全身运动

观察到的动作。

匹配垂直关联主要是通过社会学习形成的，它们不是天生的或遗传的。以图 6.2A 所示的婴儿为例。由于遗传以及观察与模仿的早期经验，她可能具有一系列动作的感觉和运动表征，并且一些感觉表征将与运动表征图像相关联。例如，“乳头接近”的视觉图像可能与张开嘴的运动图像相关联。然而，她不会发展出匹配垂直关联——相同动作的感觉和运动表征的兴奋性联系——除非或直到她获得一种非常特殊的体验。为了建立匹配垂直关联，她需要关联的感觉运动经验：观察、完成一个特定动作在发生时

间上接近，且处在预测或“偶然的关系中”。例如，如果婴儿在抓握时更容易看到抓握而不是其他动作，便会产生用于抓握的匹配垂直关联。对于手部动作，可以通过自我观察获得这种体验（图 6.2A；White Castle and Held，1964）。当婴儿看到自己的手在运动时，每一个动作的表现都与自己观察到的同一动作相关。因此，参与这个运动的抓握动作表征的激活与抓握感觉表征的激活相关，这是由对运动的观察引起的，并且，对关联性学习的研究表明（Pearce，2013），这种关联激活（连续的和偶然的）对于建立感觉和运动表征之间的兴奋性联系是必要和充分的（James，1890）。

对于不能直接感知的动作，例如我们的面部表情和背手这类全身动作（图 6.1），自我观察不能提供建立匹配垂直关联所必需的感觉运动体验。我们眼睛的位置相对于我们的脸和我们身体的其余部分是这样的：当我们把手放在背后时，我们不能看到自己，不过，我们会看到别人或被别人看到。为了与不能直接感知的行为发展匹配垂直关联，我们不需要自我观察，而是需要社会文化经验——以特定的方式与其他人互动，或者与作为文化进化产物的“设备”（如镜像和视频）互动（图 6.2B）。

在成年人与婴儿进行大量面对面接触的文化中，成年人模仿婴儿是面部表情的匹配垂直关联的重要早期来源（图 6.2C）。在面对面的互动中，西方母亲大约每分钟模仿她们的孩子一次（Pawlby，1977；Uzgiris, Benson, Kruper and Vasek，1989）。成年人模仿婴儿可以使匹配垂直关联得到文化传承。例如，如果母亲的皱眉有一个匹配垂直关联，就会通过看到她的孩子皱眉而被激活，并且在很多情况下导致她模仿孩子的皱眉。当孩子皱眉时正看着母亲的脸，母亲的模仿动作激活了孩子皱眉的感觉表征，导致孩子皱眉的感觉和运动表征被激活，从而建立皱眉的匹配垂直关联。因此，模仿皱眉的能力在文化上通过社会互动从母亲传递到孩子。

同步动作的特定文化形式是不能直接感知的动作（尤其是全身动作）的匹配垂直关联的另一个重要来源（图 6.2D）。当一群人以规定的方式或以相同的自发手势同时对外部刺激（如音乐节拍）做出反应时，群体中的每个成员都会得到观看和按顺序做动作的相关体验。因此，当一群儿童或成人一起跳舞，或进行同步训练时，他们不仅加强了他们的社会纽带（Tunçgenç and Cohen，2016；Wiltermuch and Heath，2009），而且扩大和增强了他们的匹配垂直关联储备（Hove and Risen，2009；Tarr, Launay, Cohen and Dunbar，2015）。他们正在通过特定文化形式的社会互动来学习模仿。

匹配垂直关联以两种方式解决对应问题。它使观察者能够模仿“熟悉的行为”，例如皱眉，它可以在建立匹配垂直关联之前执行而不是模仿。（这有时被称为“拟态”或“响应促进”。）它还允许观察者通过观察其他人如何执行“新颖动作”进行学习（如把手放在背后），这是以前观察者所不曾做出的行为。（有时被称为“真实模仿”、“模仿学习”或“观察学习”。）根据关联序列学习模型，匹配垂直关联通过连接两个通常独立运行的过程——感知序列学习和运动序列学习——实现了观察性学习（图 6.3）。感知序列学习是

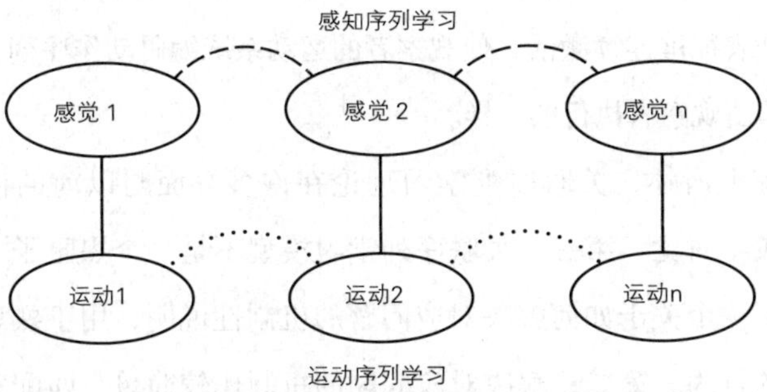

图 6.3　关联序列学习模仿模型。匹配垂直关联（竖实线）将感知序列学习（短线虚线）转向运动序列学习，创建一种新的领域特殊性认知机制，使行为人复制观察到的身体运动

编码外部刺激序列顺序的一组领域一般性过程。这些刺激可以是任何感觉模态，起源于有生命或无生命的物体。当一个人观看另一个人的动作，比如背手动作时，感知序列学习会对动作组件的顺序进行编码。（我们不擅长用文字来描述身体运动，因为文字很少涉及对它们的控制，但在背手的案例中，这些组件可以大致被描述为：向下—分开—摆动—连接。）如果没有匹配垂直关联，组件顺序的常规编码将允许在再次看到时对该动作进行识别，并为对动作主体的意图的推断提供依据，但它不允许观察者自己完成该动作。然而，当观察到的动作中存在匹配垂直关联时，感知序列学习驱动运动序列学习，也就是说，对动作的观察驱动了通常只在我们通过练习学习新的运动技能（比如骑自行车）时启动的过程。匹配垂直关联就像感知序列学习的轮齿，将其转向运动序列学习。通过匹配垂

直关联，动作序列组件的感觉表征被连续激活，进而导致序列组件的运动表征被连续激活，使观察者的运动系统编码动作序列，就好像它是由观察者执行的一样。

综上所述，关联序列学习理论在许多方面与以前的模仿模型形成了对比。第一，关联序列学习模型不是一个黑匣子，而是提供了一个关于如何解决对应问题的机制性说明，用于熟悉的和新颖的行为。第二，解决对应问题的机制比较简单，匹配垂直关联不计算观察到的和执行的动作之间的外形相似程度，它只是利用兴奋性联系将动作的感觉和运动表征配对。第三，也是本书主题中最重要的一点，关联序列学习模型表明，使我们能够模仿的机制——匹配垂直关联，即解决对应问题的机制——是文化上的，而不是遗传上的。少数匹配垂直关联可能是天生的（例如微笑）——它可能是“先天释放机制”（Lorenz and Tinbergen，1938/1970）——但绝大多数是由社会文化经验锻造的，也就是说，通过与处在特定文化实践环境下的其他人互动以及通过接触诸如镜子之类的物品形成。甚至自我观察也受到文化的规范。有证据表明，美国的婴儿清醒时的大部分时间都在注视自己的手部运动（White et al.，1964），但在给婴儿裹襁褓的文化中，这种倾向可能要低得多。

二、证据

启发和支持模仿的认知本能理论的证据最近受到了致命的打击。长期以来，人们一直存在一种错误的印象，即新生儿可以模仿（Anisfeld，2005；Jones，2009；Heyes and Ray，2011）。现在，在布里斯班进行的一项研究以前所未有的力量和严谨证实了这种印象确实有误（Oostenbroek et al.，2016；Heyes，2016d）。研究使用了梅尔特佐夫和摩尔（1977）提出的黄金标准——“交叉目标”程序，在四个时间点（1、3、6 和 9 周龄）对 100 多名婴儿进行了模仿 11 种手势的测试。换句话说，对于每一个被测试的动作，研究人员都要测定刚刚看到动作（例如：张嘴）的婴儿执行该动作的频率是否会高于执行其他动作（例如：抓握）的频率。除了吐舌头之外，所有动作的答案都是明确的“否”。

结合早期的分析（Anisfeld，2005；Jones，2009；Heyes and Ray，2011），结果表明新生儿不会模仿，那么为什么我们 40 年来一直没有想到？因为大多数关于新生儿模仿的研究都测试了吐舌头与其他一两个目标动作的对比，婴儿在看到吐舌头后有伸出舌头的倾向。这种倾向是非特定性的——婴儿在其他唤醒刺激下也会伸出舌头，如闪烁的灯光和活泼的音乐（Jones，2006），它歪曲了交叉目标测试的数据，给人以错误印象：模仿能力和镜像神经元（Lepage and Theoret，2007）在出生时就存在。

关于新生儿模仿的报道不仅激发了对模仿的深刻认识，它们还是唯一能够证明和支持这种观点的经验证据。因此，布里斯班的研究结果让人没有充分的理由相信模仿的能力是遗传的。相比之下，模仿的认知工具理论——关联序列学习模型，有两种证据支持（Catmur et al.，2009；Cook，Bird，Catmur，Press and Heyes，2014）。第一种来自训练研究，该研究表明，模仿——通过行为和大脑中的“镜像反应”测量——可以被感觉运动经验深刻改变。第二种证据指出，模仿有“特征限制”（Butterfill and Apperly，2013），如果模仿由匹配垂直关联控制，而非由计算被观察动作与执行动作之间的外在相似性的机制控制，模仿就会以人们期望的方式受到限制。

在成人、婴儿和非人类动物中进行的训练研究表明，模仿可以通过新的感觉运动经验得到加强、消除和恢复。例如，成年人通常不会模仿机器人等无生命系统的动作，但经过短时间的训练，机器人运动与观察者表演的外形上类似的身体运动配对，人类模仿机器人的程度可以与模仿其他人一样（Press, Bird, Flach and Heyes，2005）。而反模仿训练，即人们在观察另一个人的同时进行一种身体运动，能以一种互补的方式根除（Heyes, Bird, Johnson and Haggard，2005）甚至逆转（Catmur, Walsh and Heyes，2007；Catmur, Mars, Rushworth and Heyes，2011）模仿受过训练的动作的自发或“自动”的倾向。例如，被试者被动观察食指运动激活的食指的肌肉多于移动小指的肌肉。然而，在训练之后，人们需要用小指运动来响应食指运动，反之亦然，这个模式是颠倒的。对食指运动的观察激活的小指肌肉多于食指肌肉，反之亦然。自动模仿是通过感觉运动学习转化为自动反模仿的。

至关重要的是，所有这些实验都通过反复观看训练动作控制了感觉学习的效果，通过重复执行训练动作控制了运动学习的效果。对照组中的人看到和做出动作的次数和实验组中的人相差无几，但是他们看到的和他们所做的跟实验组有所不同（匹配或不匹配）。因此，结果表明，正如模仿的认知工具观点所预测的那样，正是感觉运动学习（通过反复看和做）具有增强、消除和逆转模仿的能力。实验还包含对照组，以检查学习是否具有关联性，这种学习也出现在巴甫洛夫的实验以及工具性条件反射试验中。与所有脊椎动物中发生的其他关联性学习一样，并且与无生命和有生命的刺激有关，改变模仿的感觉运动学习是依赖于情境的（Cook, Dickinson and Heyes，2012），并且依时而变——观察训练动作的程度可以预测该动作执行的程度，反之亦然（Cook et al.，2010；Cooper, Cook, Dickinson and Heyes，2013）。

最近的一项研究既说明了偶然性的重要性，又证实了感觉运动学习除了改变成人的模仿外，还能诱导婴儿的模仿能力（Deklerk, Johnson, Heyes and Southgate，2015）。在这项研究中，7 个月大还不能走路的婴儿在间歇性地实时观察电视屏幕上的踏步动作的同时，在跑步机上做出了踏步动作。在这种感觉运动训练前后，婴儿被动地观察其他婴儿的踏步动作，头皮电极记录他们大脑中参与产生腿部运动的神经活动。这种反映模仿能力的镜像活动，在测试前和测试后都有所增加，只是在训练过程中，婴儿在观察和做出踏步动作之间出现了偶然性。仅仅观察或执行大量踏步动作是不够的。镜像活动的诱导与相关的感觉运动体验有关，也就是说，与婴儿在踏步的时候看到这一动作而不是不踏步时看到这一动作的频率有关。

特征限制研究表明，尽管模仿背后的机制有效且具有适应性，但它们并不像认知本能理论让我们期望的那样灵活或准确。事实上，它们展示的刚好是认知工具模型预测的那类限制。例如，模仿学习是“效应物依赖的”，它不容易在身体的各个部位得到推广。观察过复杂的按键动作序列的人，当他们的手指与模型的手指处于键盘的相同位置时，可以重现该序列，但当他们的手在键盘上交叉时（右手操作左键，反之亦然），或者当他们被要求使用拇指而不是食指按键时，则无法模仿该序列（Bird and Heyes，2005；Leighton and Heyes，2010）。同样，当人们被要求模仿一系列动作，包括选择一支笔，并使用两个握把中的一个把笔放在两个杯子中的一个杯子中时，他们表现出的错误模式与当他们被要求通过闪烁的几何形状来执行相同的动作时完全相同；也就是说，当任务不涉及模仿时（Leighton, Bird and Heyes，2010），错误模式反映了潜在的认知过程。因此，这一发现表明，模仿与类似的“人工”任务一样容易出错，正如关联序列学习模型所认为的，模仿学习中涉及的序列学习过程是一个领域一般性过程——与编码无生命世界中事件的序列顺序相同，并通过实践而不是观察实现运动学习。

在一项实验中，健康的成年人被要求模仿自己的面部表情，有明显的证据表明，在模仿方面，我们并不像自己想象的那么好。首先，当参与者讲笑话时，他们的脸被拍摄下来。几个月后，他们被带回实验室，展示了之前拍摄的照片，并允许他们尝试重现在每张照片中所做的表情。研究人员对面部运动进行精确、自动化的分析，发现除非参与者能够看到自己在镜子一样的屏幕上做这些尝试，否则他们根本没有表现出任何提升。他们最初的模仿尝试相当糟糕，最后的尝试也好不到哪里去（Cook, Johnson and Heyes，2013）。关联序列学习模型预测了这种细微的表现，因为在日常生活中，人们很少获得建立细微面部运动的垂直关联所必需的感觉运动经验。演员和模仿者在说话和笑的时候会花很多时间对着镜子看，但我们大多数人只用镜子刮胡子或化妆，尤其是当我们的脸相对静止的时候。

相比之下，认知本能观点预测，在这项研究中，成年人在提高他们的表现方面不会有任何问题。根据这一理论，我们并不需要用镜子向自己展示我们的尝试，因为我们大脑里有一个强大的、遗传的黑匣子，它可以计算出，对于任何执行的动作，从第三方角度看该动作会是什么样子（Meltzoff and Moore，1994；1997）。

这不是正确的！

上一节描述了一个决定性的研究，彻底反驳了模仿是认知本能的观点（Oostenbroek et al.，2016），我考查了许多已有的认知本能和认知工具的研究，发现认知工具理论能更好地与数据吻合。尽管有这些发现，仍有一些专家持怀疑态度。他们认为，无论数据指向何方，认知工具理论都不可能是正确的。在某种程度上，这种怀疑源自解释性品位，它是一种感觉：认知工具理论对曾经美丽的谜题提供了一种平淡无奇的联想式解决方案，因此，模仿的灵魂被夺走了（Meltzoff，2005：55）。但是，无论阻力的来源是什么，认知工具理论都受到了一些有趣而重要的挑战（Heyes，

2016e)。以下是最常见的反对意见。

一、干预与发展

反对意见：河流的流向可以通过修建渠道来改变，但这并不意味着河流的原始流向是渠道建造者塑造。同样，模仿可以通过感觉运动学习改变的证据并不意味着模仿的能力通常通过感觉运动学习发展。

这种反对意见的逻辑是没有瑕疵的。陈述"p 暗示 q"意味着如果 p 为真，那么 q 也必须为真。如果 p 是"模仿可以通过感觉运动学习改变",q 是"通过感觉运动学习可以发展模仿的能力"，p 为真肯定不能保证 q 也为真。但这就是科学。科学证据支持对最佳解释的推论，而不是演绎推理（Lipton，2003）。经验数据不保证任何特定理论的真实性，但是，如果我们幸运的话，它会倾向于某一种理论。感觉运动学习能够在模仿行为中产生深刻的变化的事实支持认知工具理论而不是本能理论，因为它刚好就是认知工具理论所预测的结果，而本能理论难以对其进行解释。如果模仿是一种本能或模块，人们就会期望稳定的选择能够保护或缓冲其发展，使其免受可能干扰其适应功能的环境扰动（Cosmides and Tooby，1994；Pinker，1997）。人们不会料到实验结果是这样的：这种模仿可以通过相对短暂的感觉运动学习来转移，在这种学习中，人们会接触到人类祖先可能遇到过的、观察到的和被执行的行为之间的不匹配的、任意的关系。

同样重要的是要注意，模仿的认知工具理论并不是建立在单一的基础上的。本能理论完全依赖于新生儿模仿的证据，但成人训练实验仅仅是认知工具理论的支持证据之一。例如，除了对特征限制的研究，还有证据表明，感觉运动学习可以诱导婴儿大脑中的镜像活动（De Klerk et al.，2015），上述两点在前一节都已概述，这种工具理论得到了更多自然主义研究的支持，其中许多研究涉及舞蹈家和音乐家（Calvo-Merino, Glaser, Grezes, Passingham and Haggard，2005；2006；Cross, Hamilton and Grafton，2006；Ferrari, Rozzi and Fogassi，2005；Haslinger et al.，2005；Jackson, Meltzoff and Decety，2006；Keysers et al.，2003；Kohler et al.，2002；Margulis，Mlsna，Uppunda, Parrish and Wong，2009；Vogt et al.，2007）。这些研究成果表明，模仿能力随着参与者在现实世界中发展专长时获得相关匹配垂直关联的机会的多寡而变化（Cook et al.，2014）。

此外，也许最重要的是，认知工具理论与家庭和日间托儿所婴儿观察研究揭示的模仿发展时间表是一致的（Ray and Heyes，2011）。例如，如果本能理论是正确的——如果模仿依赖于一种计算外形相似性的机制——人们就会预期所有不能直接感知的行为比能够直接感知的行为更难模仿，然而，对于前者的模仿迟早会出现。但这不是已经发现的模式。西方婴儿在6月龄至8月龄时开始出现对张口和咂嘴动作的模仿行为（Kaye and Marcus，1978；Piaget，1962），而摸耳朵直到一年后才被模仿（Uzgiris，1972），这种模式表明，即使在不能直接感知的行为中，特定行为开始被模仿的年龄也取决于婴儿有机会为该特定行为学习匹配垂直关联的程度。因为与摸耳朵相比，这些行为是成年人模仿婴儿的共同目标

（O'Toole and Dubin，1968）。

二、人类模仿者

反对意见：几乎所有现存的动物都有关联性学习的能力，但很少有动物能模仿，也没有一个是像人类那样熟练和非凡的模仿者。因此，模仿不能依赖关联性学习。

这个反对意见的前提并不完全正确。很多年以来，人们认为只有极少数非人类动物（也许只有猿类）能够模仿，但现在可以确定许多鸟类和灵长类动物都能够模仿一些身体动作（Zentall，2006）。的确，有一些证据表明猴子可以精确模仿手部运动，即允许猴子通过自我观察建立匹配垂直关联的运动（Voelkl and Huber，2007）。然而，这个前提的主旨是合理的。人类确实是非凡的模仿者。我们可以比任何其他动物模仿更多样的动作——特别是新颖、不能直接感知的动作。从这个意义上说，我们是“人类模仿者”（Meltzoff，1988）。这个反对意见的真正问题是缺少一个词：关联性学习的分类普遍性，与人类模仿技能的独特性相结合，表明模仿不能完全依赖于关联性学习。但是当这个缺失的词被插入时，反对就失去了效力。

认知工具，模仿的关联序列学习模型绝不是说模仿完全依赖于关联性学习。相反，它表明某些种类的社会文化经验——例如，同步行动、被模仿和与镜子互动——在模仿的发展中至关重要。只有当这种经验由发展环境提供时，关联性学习才能建立大量匹配垂直关联来解决对应问题。而且，虽然他们“在内部”有关联性学习，但其他动物“在外部”缺乏这些资源。它们没有镜子；没有动作词提供所需的等价经验，没有一段漫长的成长期，在这段时期成人会模仿婴儿的行为，至少在有些文化中如此；没有各种仪式训练和游戏——通常涉及音乐和舞蹈，它们为人类提供丰富的机会来看和做相同的动作（Heyes，2016e）。

三、意向性

反对意见：模仿通常都有一个目的。有时候人们模仿是因为想融入一个团体、拍马屁或者掌握一项技巧。模仿不可能是基于学习的关联，因为关联是自动运作的，不依赖于人的意图。

这一挑战混淆了习得的联想与旧时常说的反射。关联序列学习模型完全兼容模仿的二元性，事实上它有时是自动的，有时是目标导向的，因为它建立在当代关联性学习理论的基础上，而不是建立在刺激–反应（stimulus-response，S–R）行为主义上（Dickinson，1980）。S–R 行为主义认为，所有的学习都涉及刺激与反应之间的联系，这样，每当遇到刺激时，反应就被诱导出来。相比之下，当代关联性学习理论认为，当遇到刺激时，S–R 学习使反应的公开产生成为可能，但并非必然，并且关联性学习可以在刺激的表征（S–S）之间以及动作的表征和它们的结果（R–S）之间建立联系，并建立 S–R 链。因此，尽管认知工具理论认为匹配垂直关联是通过关联性学习形成的，但这并不意味着，对观察者具有匹配垂直关联的动作的观察，总是会在任何地方引发明显的模仿反应。相反，一旦垂直关联到位，对动作的观察就会激活相应的运动表征，产生有意识或无意识的“冲动”来产生动作，这种动作可以使用镜像活动的神经生理学测量来检测。但这种冲动可以根据观察者对当时情况以及执行该动作的可能后果的了解来抑制或促进（Heyes，2011）。所以，当我看到你挥手时，我也有一种对你挥手的冲动，但如果我认为你是在向我身后的人挥手，我就会停止向你挥手，而如果我知道你是近视眼，我则会加大挥手的幅度。

四、过度模仿

反对意见：与黑猩猩相比，儿童“过度模仿”——他们除了模仿能获得结果的动作特征外，还模仿愚蠢的、无关的动作特征。这种过度模仿表明，人类具有天生的、特有的模仿倾向，认知工具理论不承认这一点。

当模仿从盒子里取出玩具时，3 岁和 4 岁的儿童不仅会松开门锁，还会打开妨碍他们获得奖品的门。他们还模仿了模仿对象的其他动作——比如用魔杖敲击盒子——即使告诉被试者哪些动作是“愚蠢的”，哪些是必要的，他们仍会表现出这种“过度模仿”（Lyons, Young and Keit，2007）。在关于过度模仿的经典研究和其他许多研究中，尚不清楚儿童是否在复制身体部位之间的关系——这本书称之为“模仿”，在认知科学领域的应用更普遍——还是在复制无生命物体之间的关系（例如盒子和魔杖之间的关系），这有时被称为“仿真”。但这种模仿-仿真的区别并不重要，因为很可能两者是兼而有之的。孩子们几乎都会模仿和仿真，而且这种需求远远超过了他们对玩具、糖果和贴纸等无生命事物的需求（Whiten, McGuigan, Marshall-Pescini and Hopper，2009）。

难题在于为什么研究人员已经跃跃欲试地得出结论：过度模仿是由于一种独特的人类认知本能，无论是被称为“社会动机”、“共享意向”（Tomasello，2014）还是“启发式进化”（Whiten et al.，2009）。这是令人费解的，因为有大量证据表明：（1）成年人用点头和微笑以及反过来模仿他们奖励孩子模仿（Grusec and Abramovitch，1982）；（2）奖励孩子们模仿动作，使他们在未来更有可能不仅模仿这些动作，而且模仿其他身体上的类似动作（Baer and Sherman，1964；Garcia, Baer and Firestone，1971；Young, Krantz, McClannahan and Poulson，1994）；（3）在实验室中，奖励黑猩猩进行模仿具有相同的效果（Whiten and Custance，1996）。这些发现让儿童过度模仿变得可信，因为从出生时起，他们就被奖励模仿。通过朴素的强化学习，他们发现模仿往往伴随着奖励，别人有意或无意地希望他们过度模仿。

需要明确的是，这一说法与能力无关，而与动机有关。认知工具理论对模仿的看法表明，能力和动机都取决于学习，但取决于不同的学习类型。匹配垂直关联是模仿能力的基础，它们的发展通常不涉及奖励。如果有了观看皱眉和自己皱眉的关联经验，我将获得一个皱眉的匹配垂直关联。皱眉或观看皱眉本身并不必然存在奖励，也并不必然会带来奖励。一旦具备了模仿能力，我们就需要解释为什么在某些情况下会大量或少量地去模仿，而在其他情况下不会；为什么模仿的冲动有时被抑制，有时被表达出来。这一点，模仿的动机，特别是过度模仿的动机，取决于奖励学习——通过经验发现，在某些情况下，模仿某些行为往往会产生愉快的后果；而在其他情况下，模仿其他行为则不会。

能力和动机之间的区别虽然很重要，但在对过度模仿的讨论中，以及对“社会动机”和“共享意向”的讨论中，常常被忽略。这些专家是解释“人类为什么要模仿”的候选人，而不是解释“我们如何能模仿”的人。除非我们假设想要某种东西就足以实现，否则社会动机和共享意向就不能解决对应问题。[3]

因此，对于认知工具理论的模仿观点而言，过度模仿的发生从来都不成问题，原因有二。首先，过度模仿引发了关于动机的问题（例如，一个人想要被群体接受的动机）而不是能力的问题，而关联序列学习模型侧重于模仿能力；过度模仿侧重于我们如何解决通信问题。其次，除非或直到有研究表明，过度模仿是由于遗传的模仿动机（或共享意向，或像其他人一样）而不是领域一般性奖励学习，否则，过度模仿与认知工具理论大体上是一致的。它与这样的图景相吻合：人类独特思维的基因启动装置由小而普通而不是广而专的组件构成（第3章）。

五、什么用途？

反对意见：认知工具理论的重点是复制身体的运动，即身体的各个部分是如何相对于彼此运动的，而不是与物体的关系。这种复制无法实现模仿的主要功能——原汁原味地继承使用工具和其他面向对象的技能。

的确，与其他将模仿与文化进化联系起来的理论相比，认知工具理论更明确地关注身体运动。例如，托马塞洛和他的合作者将模仿描述为复制“手段”而不是行动的“结束”，并将其描述为“过程复制”而不是“产品复制”（Tennie, Call and Tomasello, 2009）。他们没有花费许多笔墨来解释复制“手段”或“过程”必然涉及复制身体运动。但我不认为这里有任何本质上的分歧。关联序列学习模型植根于亚个体认知科学，因此关注对应问题。它阐明了其他理论仅仅暗示的内容。因此，没有理由怀疑关联序列学习模型提出的机制——匹配垂直关联将感知序列学习转向运动序列学习——可以支持手段或过程复制，从而有助于面向对象的技能的高保真度文化传承。例如，如果新手学习如何制作石器工具，最有效的方法是在专业工具制造者用石锤敲击时对其肩、肘和腕关节之间的角度进行编码和再现，编码和再现可以通过关联序列学习机制完成。

然而，由于关联序列学习模型比其他任何模型关于模仿过程中复制的内容（身体运动的外在形态）都更加明确，这就引出了进化论者忽略了的模仿最重要功能的可能性：高保真度文化传承传承的不是面向对象的行为，而是沟通和手势技能（Heyes, 2013）。这些技能在人类进化的讨论中很少被考虑，但是它们在定义群体和促进合作方面的重要性在心理学和人文科学中得到了承认（Corbeill，2004）。它们包括身体运动的顺序，使群体成员能够在没有言语的情况下进行交流，从而在言语缺失时（例如，当信息不可言说时，以及在语言共同进化之前）以及当言语存在危险的时候（例如，当一个群体在追踪猎物时），协调他们的活动。它们还包括一系列的身体运动，例如那些仪式化的舞蹈动作，这些动作使群体成员能够通过表达共同的宗教信仰和共享高度觉醒状态来实现合作行动所需的信任和承诺状态（Tarr et al.，2015；Whitehouse, 2004）。因此，模仿通过传播信息，促进信任和承诺，确认谁是（谁不是）合作群体的成员，使支持合作行动的手势技能得以实现文化传承。

一些促进人类模仿发展的社会实践可能是为此“目的”而在文化上被选择的。举例来说，具有同步活动（仪式、演习和游戏）的群体鼓励发展更多的匹配垂直关联。因此，具有更好的模仿能力的群体，可能比具有能支持小技能发展的同步活动的群体更有可能繁荣——拥有更多的后代（见第9章）。

小结

模仿在文化学习中存在的时间最长。一个多世纪以来，科学家一直声称模仿是一种专门用于文化传承的社会学习形式。在本章中，我接受了这一观点，但对模仿是一种认知本能的假设提出了挑战。关联序列学习模型从训练研究和实验中都得到了支持，表明模仿具有特征限制，这不仅表明模仿是一种认知工具，而且说清了如何通过社会互动的一般认知过程构建新的、专门的认知机制。特定类型的社会文化互动（例如，舞蹈、训练和运动中的同步行为；被别人模仿；使用镜子）产生相关的感觉运动经验，看到和做出同样的动作。这种体验建立了一系列匹配垂直关联。匹配垂直关联就像感知序列学习齿轮上的齿，将其与运动序列相匹配，由此产生的复合机制是一种能够进行模仿学习的认知工具。

关联序列学习模型表明，镜像体验有助于模仿机制的发展。但这并不是说镜像体验对于模仿的发展是必不可少的。尽管如此，一些人仍然认为这个建议非常不可信，甚至令人震惊。人类历史上最近才出现的人工制品在认知机制的发展过程中不能发挥重要作用吗？我认为这种反应反映了我们是多么习惯于把认知机制看作本能，这种本能在史前和人类基因组中根深蒂固。我将在下一章继续挑战这种思维定式，提出，心智解读的发展方式与纸质阅读大致相同，我们知道这种认知能力只有五六千年的历史。

第7章

心智解读

心智解读（也被称为“心智化”和“心智理论”）是将心理状态、思想和情感归于自己和他人的过程。除了模仿之外，心智解读是最常被当成一种文化学习类型的一种心理能力。乍一看，这有点儿令人惊讶，因为与模仿及其他形式的社会学习不同，心智解读本身并不是一个能使社会互动产生信念和行为上的长期变化的过程，而这种长期变化正是知识和技能的文化传承的必要条件。在典型的心智解读的例子中，一个人理解另一个人**现在**的想法或感觉。我会用心智解读来判断你是否认为我们都能听到你包里或我包里的铃声，以及你对我刚才送的礼物感到高兴还是失望。回答这些问题可以让我们的互动更流畅，并使我能够在短期内预测你的行为，但这并不意味着学习某样对世界具有普遍和持久意义的事物。心智解读本身并不是一种文化传承形式，然而，心智解读在文化进化中很重要，因为它在教学中起着至关重要的作用。

教学的定义常与其他类型的社会学习的定义形成对比。

它是一个过程，在这个过程中，一个人不仅允许另一个人观察自己的行为，而且对另一个人的心理状态（尤其是知识状态）带来持久的变化（Byrne and Rapaport，2011）。根据这一观点，改变心理状态的意图（以心智解读为先决条件）使第一个人成为“教师”，而不仅仅是“模范”，第二个人成为“学生”而不是“观察者”。

关于是否应该对教学加以界定，使心智解读成为必要的组成部分，仍存在着一些争论（Caro and Hauser，1992；Thornton and McAuliffe，2012；Thornton and Raihani，2008），但很少有人否认心智解读是人类教学的重要组成部分。原则上，教师可以专注于学生在做什么，而不是他们在想什么，以及学生的行为必须如何改变才能达到某种社会标准。然而，假设行为能力（例如，使用工具的技巧，或者驾驭一套特定的社会规范的能力）确实取决于内部状态，比如思想和感觉，如果这些内部状态能够被教师准确地表现出来，教学就会更加有效。心智解读使教师能够了解学生当前知识的范围和限度，进而推断出在学习过程的每个阶段必须向特定的学生展示或告知哪些内容才能帮助其克服无知，纠正错误信念，建立知识体系。与此相辅相成的是，学生的心智解读使他们能够把教师希望他们学习的内容区别对待，从而把精力集中在需要学习的技能的特定方面。

的确，从认知科学的角度来看，心智解读是教学中的一种最有效的特殊成分。有效的教学当然涉及许多其他的认知和动机成分。例如，一名优秀的教师，除了自身在其所教授的技能方面具备足够的能力之外，还要能够随时留意学生的言行，辨别学生在学习技能过程中的状态，并在他们学习进展缓慢时具备足够的社会宽容以便将教学活动继续下去。但是，与心智解读相比，这些能力看起来都不可能依赖专门用于社会互动的独特的人类认知过程。社会宽容是一个气质问题，而不是认知问题（见第3章）。密切关注行为及其影响，以及区分改进和倒退的能力，在一定程度上存在于很多物种中，并且不仅在教学或者更一般的社会互动中重要，在个体处在社会隔离状态下的技能学习和运用也很重要。相比之下，心智解读似乎是人类独有的，且涉及用于处理来自他人的输入信息的认知过程。因此，虽然心智解读的进化（基因和/或文化角度）不大可能是单纯为了教学，而且一系列其他领域一般性和分类一般性过程的升级在让人类成为更加高效的教师方面也很有可能发挥了正面作用，但心智解读仍然是最有可能的为教学而做出的一种人类特有的认知适应性改变。

那么，心智解读从何而来？主流观点认为，心智解读是一种认知本能；人类继承了一种特定的倾向来发展描绘心理状态的认知机制，并且这种机制在非常广泛的发育环境中成熟到大致相同的终末状态（Baillargeon, Scott and He，2010；Baron-Cohen, 1997; Leslie, 1987）。普遍持有的另一种观点“理论–理论”（theory-theory）表明，心智解读是通过一种准科学过程习得的（Gopnik and Wellman，2012）。发育中的孩子通过自己的努力，产生关于心智的假设，并将他人的行为作为测试这些假设的数据库。在某种程度上，孩子们最终会形成一种典型的或群体典型的心智理论，因为，针对同一个数据库进行测试，他们独立产生的假设得出了相同的结论。与认知本能和儿童心理学家的立场相反，我认为心智解读是一种认知工具。儿童由其社会群体的成员教授关于心智的知识，文化传承的信息以这种方式形成了一种概念结构，能够将心理状态归于自我和他人。因此，学习伴随着心智解读，而心智解读一旦发展，就有助于教学。心智解读可以教授心智解读和许多其他文化积累的知识与技能。

本章第 1 节概述了心智解读与纸质阅读或识字之间的若干相似之处。正如第 1 章中讨论的，纸质阅读是认知习得原理的证明。它是人类在发展过程中通过社会互动获得的一种与众不同的认知过程。识字的时间还不够长，以至于阅读的认知过程尚未被基因同化。因此，就第 1 节所讨论的内容而言，心智解读就像纸质阅读，它使人们认为心智解读是一种认知本能，我们至少为心智解读是一种认知工具的可能性扫清了道路。第 2 节采取更直接的方法回顾了心智解读的发展，与纸质阅读一样它们都建立在依赖教学的基础之上。第 3 节涉及一个潜在的问题，认为心智解读是一种认知工具，讨论非人类动物、人类婴儿和处在压力之下的成年人能够“暗中”或者“无意识”地进行心智解读。第 4 节阐述和论证了我的“潜心智化”具有内隐心智解读。

心智解读和纸质阅读

就像纸质阅读一样，心智解读也涉及从符号中推导出意义。在纸质阅读中，符号通常是纸上的标记，其含义与世界上的物体和事件有关。在心智解读中，这些标志是面部表情、身体动作和话语，其中许多是常规的，它们的含义与行为人的心理状态有关。但纸质阅读和心智解读之间有许多更深层次的相似之处（Heyes and Frith，2014）。例如，两者都有调节和解释两个方面。当孩子们就他们的语言的书写惯例接受辅导时，他们不仅学习解码印刷词汇，将它们与口语和意义联系起来，还生产符合他们的书写系统惯例的词汇，以便它们可以被他人解码。心智解读研究的重点是它的解释功能，以及心理状态的归因如何使我们能够解释和预测行为。但“心智素养”（mental literacy）也有重要的调节作用。新手不仅知道行为是*可以*的，而且*应该*是由信念和欲望之间的理性互动产生的，他们被鼓励使自己的行为遵守这些惯例。成年人对孩子的质询和嘲弄（温和的或其他）行为，并不会把信念–欲望感视为“愚蠢”或“疯狂”（McGeer，2007）。

心智解读也像纸质阅读一样，发展缓慢，认知要求高。纸质阅读的缓慢发展反映在事件相关电位（头皮记录的指示阅读流畅性的电子信号），即使 16 岁的孩子也不如成年人那样快（Brem et al.，2006）。同样，现在人们已经知道，在西方文化中，神经系统中负责心智解读的部分是最后发育成熟的（Blackmore，2008），在心智解读测试中的表现（包括换位思考、情感识别以及对伪装和讽刺的检测）在青春期和成年期之间这段时间里持续改善（Dumontheil, Apperly and Blackmore，2010；Vetter, Leipold, Kligel, Phillips and Altgassen，2013）。

心智解读和纸质阅读之间比较的另外三个方面是特别有趣的，因为它们与被认为具有遗传特性的心智解读的几个特征有关——神经特化、发育障碍和文化变异。鉴于纸质阅读是文化传承而非遗传，倘若纸质阅读在这些特征上与心智解读类同，它至少表明这些特征并不能证明心智解读是遗传的。

神经特化。神经影像显示，成年人有专门用于心智解读的皮质回路。包括内侧前额叶皮层、颞顶叶交界处和楔前叶在内的这些回路在人们思考时比不思考时更加活跃（Van Overwalle，2009）。人们很容易认为这种皮质特化是由于遗传进化。不过，在纸质阅读的研究中也发现了类似的现象。例如，在识字的成年人中，当人们看到单词时，被称为“视觉单词形式区域”的枕颞皮层区域比受到非单词刺激时更活跃（Dehaene and Cohen，2011）。

发育障碍。许多患有自闭症谱系障碍的人都有特定的思维障碍。相对于智商和语言匹配的控制，他们很难弄清楚别人的想法和感受（Frith,2001）。因为有一个重要的基因影响了自闭症的遗传性，这可能表明专门用于阅读的神经认知机制通常是遗传的，而自闭症患者遗传了这些机制的非典型版本。但阅读障碍提醒我们，这只是许多与自闭症相关的心智障碍的候选解释之一。阅读障碍是一种遗传的发育障碍，它干扰文化传承技能的获得，阻碍携带者学习阅读（Paracchini, Scerri and Monaco，2007）。

文化变异。乍一看，纸质阅读具有跨文化多样性的特点，心智解读则具有跨文化共性的特点。在印刷领域，有丰富多样的书写文字，并且，从日语汉字中的整个单词到日语假名中的音节，再到字母书写系统中的音素，映射到印刷单元上的语音单元的大小各有不同（Dehaene，2009）。相反，在精神领域，人们通常认为所有文化的成员都将思想和感情归为同一属性，认为这些状态与行为有关。然而，最近的研究表明，不同文化间的纸质阅读比以前想象的更一致，而心智解读则不那么一致。

例如，对 115 种书写体系（包括现代和历史上的）的自然分析显示，大多数字符都是由三个笔画组成的（Changizi, Zhang, Ye and Shimojo，2006）。作为一种补充，心理学实验也开始以一种互补的方式揭示心智解读发展的文化差异。例如，澳大利亚和美国的儿童明白，不同的人可以有不同的观点（“信念多样化”），哪怕他们不明白一个人对某一特定事实可能了解或不了解（“知识获取”）。相反，在其他某些地方，个人主义和自我表达并不那么重要，儿童理解知识获取先于理解信念多样化（Shahaeian, Peterson, Slaughter and Wellman，2011）。这类研究支持了早期的人种学研究数据，它们表明，在不同文化中，人们对将心理状态（而非社会角色或环境）作为行为的原因的重视程度，人们是将心理状态视为体内还是体外之物，以及他们将心理状态归属于自然而非超自然法则的程度，各有不同（Lillard，1998）。它还与文学史研究相一致，这些研究表明，在西方文化中，自古以来关于心智和精神障碍的观念发生了根本性的变化（Harris，2013；

Burrow，1993）。

心智解读和纸质阅读之间的这些相似之处清楚地表明，支持心智解读的认知本能观点的主要支柱——神经特化、自闭症的特定损害和不变的发展顺序的证据——在结构上并不健全。

学习心智解读

1000多对5岁的双生子接受了全面的心智解读测试，结果显示，每对双生子内部在表现上的相关性是相同的，为0.53，非同卵双生子的平均基因的50%是相同的，而同卵双生子的所有基因都是相同的。这些测试展示了“大量共同环境因素对个体心智理论的差异的影响，基因的影响微乎其微”（Hughes et al.，2005）。换句话说，它与认知本能观点相冲突，并表明学习在心智解读的发展中起着关键作用。

然而，就双生子数据本身而言，它们并没有告诉我们，在心智解读的发展过程中，什么样的学习最重要。关键的学习可以“是理论–理论”假设的类型，儿童心理学家根据行为数据检验假设；或模拟理论所设想的那种类型（Goldman，2006），在这种理论中，孩子通过内省弄清楚别人的想法和感受，想象自己与其他人处于同样的处境；或者，正如认知工具观点表明的那样，最重要的学习可能是教学的结果。“理论–理论”和模拟理论都将学习视为一种个人主义过程。学习的对象，要被理解的东西，是他人，但是他人对推进学习过程并不起积极的作用。他们不提供假设或进行模拟。相反，认知工具理论认为，孩子们被教导如何进行心智解读与被教导如何进行纸质阅读所采用的方式大致相同：通过搭建基本框架或“认知工程”（Sterelny，2012）以及明确指导。

一项自然实验提供了令人信服的证据：以语言为基础的教学对心智解读的发展至关重要。自然实验研究的是 20 世纪 70 年代在尼加拉瓜聋人中出现的一种新的手语（new sign language，简称 NSL）。派尔斯和森哈斯（Pyers and Senghas，2009）比较了两组成年 NSL 使用者的错误信念理解。他们发现，第一组人在 NSL 还是一种基本语言时学习了 NSL，与第二组人相比，他们理解错误信念的能力较差。第二组人在大约 10 年后学习了 NSL，当时 NSL 包含了更多的表示心理状态的符号。这表明，尽管第一组人比第二组人年长 10 岁——也因此获得了更多的时间和机会来形成假设，对这些假设进行试错（“理论-理论”），反思他们自身的心理状态（模拟理论），同时观察社会伙伴们的行为——他们对于错误信念的理解能力却落后于比他们年轻 10 岁的第二组人。由于缺乏对心理状态进行描述的词汇，第一组人无法接受心智指导（Pyers and Senghas，2009）。此外，这些针对 NSL 的研究结果也得到了另一项更新的研究的支持，这项研究表明，生活在萨摩亚群岛的人认为谈论心理状态是不合时宜的，那里的儿童对于错误信念的理解大约是在 8 岁时才得以发展的，这比欧洲和北美的儿童晚 4 年或 5 年（Mayer and Träuble，2013）。

结合其他典型或非典型儿童发育研究（Meristo Hjelmquist and Morgan，2012；Slaughter and Peterson，2012），NSL 和萨摩亚的研

究表明，我们通过关于心智的对话来了解心智。原则上，适当的对话体验可以来自“窃听”或倾听心智解读专家在无意教授新手时所说的话。然而，许多研究表明，专家——尤其是母亲——会调整他们的谈话，以便帮助儿童理解其中的意思（Taumoepeau and Ruffman，2006；2008；Meins，2012）。例如，在与15个月大的孩子交谈时，母亲提及欲望和情感的频率要高于思想和知识，欲望/情感谈话的频率有选择地预示着孩子们在24个月时的心智解读表现。相比之下，在24个月时，母亲提及思想/知识的频率高于欲望/情感，而提及思想/知识的频率可预测孩子在33个月时的心智解读（Taumoepeau and Ruffman，2008）。欲望/情感比思想/知识更容易理解，因为婴儿和儿童不断尝试满足自己的欲望，情感往往反映在与众不同的面部表情中。因此，这些研究结果表明，就像新手纸质阅读者在接触“困难单词”之前先接触“简单单词”一样，新手心智解读者在接触“困难状态”之前先接触“简单状态”，而这种针对孩子学习环境的认知工程促进了心智解读的发展。

心智解读的发展不仅可以通过父母在与孩子谈话时使用诸如“思考”、“想要”和“快乐”的频率来预测，也可以通过父母关于心智的“因果解释”陈述出现的频率预测，这种“因果解释”是为了具体说明情境、心理状态和可观察行为之间的关系。例如，“她笑是因为她很快乐”，或者“她认为玩具在绿色的盒子里，因为她没有看到它移动到黄色的盒子里”（Slaughter and Peterson，2012）。此外，罗曼和托马塞洛（Lohmann and Tomasello，2003）发现，当成人使用补语句法时，训练3岁和4岁儿童与成人谈论欺骗性对象（例如，一支看起来像花的笔）的训练尤其有助于提高儿童对错误信念的理解能力，例如“你认为它是什么？”和“你说它是一朵花”，它们把一个完整的句子作为它们的宾语补足语。对因果解释性陈述和补语句法的研究（de Villiers and de Villiers，2012）表明，关于心智的对话不仅仅是教给儿童心理状态的标签，它还教给他们心理状态的概念——什么是“思考”或“感受”、“快乐”或“怀疑”——并给他们一种表示这些概念的格式。换句话说，在文化上，儿童从他们的父母和其他心智解读专家（O’Brien Slaughter and Peterson，2011）那里继承了专门用于表达心理状态的机制。

因此，自然实验、观察性研究和传统实验提供的证据表明，心智解读的教学方式与纸质阅读的教学方式大致相同。有趣的是，这种经验性工作很少在美国进行，这可能有助于解释为什么它受到的关注相对较少。自由之地的研究人员在心理学领域占据主导地位，就像许多其他科学学科一样，他们通常倾向于个人主义的心智解读概念，其中心智解读的能力是基因赋予的和（或）通过艰苦的假设检验的劳动获得的。相比之下，认知工具的心智解读观点将其视为一项集体成就。每个文化都有一个基于汇集经验的心智理论，文化内的每个个体都有一个在发展过程中通过与群体其他成员的积极的合作互动而构建的理论变体。[1]

内隐心智解读

虽然有大量证据支持，但认知工具的心智解读观点也存在潜在的问题。目前对婴儿的研究表明，心智解读的发展与纸质阅读的发展非常不同。西方儿童通常在5岁或6岁之前才具备纸质阅读的技能，但7个月大的婴儿似乎能够阅读（Kovács, Téglás and Endress，2010）。最引人注目的研究结果表明，婴儿将错误信念归咎于行为人；他们认为行为人可以相信一些与实际情况不符的东西。例如，在一个关于错误信念归属的典型实验中（Onishi and Baillargeon，2005），婴儿首先看着一个成人把玩具放在两个盒子中的绿色而不是黄色的盒子里，随后反复伸手去拿那个盒子。然后他们看到玩具从绿色盒子移动到黄色盒子，此时成人在场（真实的信念条件）或缺席（错误的信念条件）。在最后阶段，通过婴儿的注视时间来衡量，当成人碰到绿色盒子而不是黄色盒子时，处于真实信念状态的婴儿表现出更多的惊喜，而处于错误信念状态的婴儿在成人碰到黄色盒子时更惊讶。在这两种情况下，婴儿都“期望”抓到成人认为玩具所在的盒子。

这类研究从注视的时间等非语言行为中推断出心智解读的发生，据说提供了内隐心智解读的证据。内隐心智解读可以通过三种方式来理解。“连续性”的解释表明，它由相同的、专门的认知机制控制，从而调节成年人的心智解读（Baillargeon et al., 2010）。“双系统”的解释表明，使用非语言措施发现的内隐心智解读和现在被称为“外显心智解读”或“外显心智化”的老式心智解读产生于不同的认知机制。这两个系统都是专门用于思考心理状态的，但隐性系统发展较早并以快速有效的方式跟踪心理状态，而显性系统发展较晚、运行更缓慢，对诸如工作记忆和抑制控制等执行功能提出了更高的要求（Apperly，2010；Perner，2010；对认知的“双系统”模型的概述和执行功能的讨论见第 3 章）。与双系统模型一样，“潜心智化”的解释假定明确的心智解读依赖于发展较晚、缓慢和有效的专门机制。然而，潜心智化的观点认为，复杂的心智解读依赖领域一般性认知机制，而不是专门思考心理状态的机制（Heyes，2014a；2014b；2015）。

自闭症的情况表明，内隐和外显的心智解读依赖不同的机制，因为尽管内隐心智解读持续存在问题，但外显心智解读仍可实现（Senju, Southgate, White and Frith，2009）。对普通成人的研究进一步发现了这种分离的证据。在成人对他人的想法和感受（显性心智解读）做出口头判断的任务中，判断准确性受到并发执行的一项执行功能的任务的影响（Bull, Phillips and Conway，2008）。相比这下，对执行功能的并发需求不会干扰内隐的心智解读（Qureshi, Apperly and Samson，2010）。这些结果——表明显性心智解读依赖执行过程而隐性心智解读不依赖执行过程——很难与连续性假设相协调，但与内隐心智解读的双系统和潜心智化解释相一致。

双系统解释表明，内隐的心智解读依赖专门用来表达心理状态的认知过程。相比之下，潜心智化的解释表明，内隐的心智解读依赖领域一般性的注意、学习和记忆机制；依赖基因遗传的过程，但这些过程既不是为了心智解读或更一般的行为预测而进化，也不是专门为它们服务的（见第 3 章）。出于两个相辅相成的原因，我赞成这种解释。首先，我们还不知道内隐心智解读的专门过程是什么样子。巴特菲尔和阿珀利（Butterfill and Apperly，2013）做了一个大胆而有趣的尝试，来说明这些过程是如何运行的，但尚不清楚他们所说的“最低限度的心智理论”是否能产生一系列被称为内隐心智解读的行为效应，并构成一个表达心理状态的系统，而不是纯粹可观察到的行为状态（Butterfill, Apperly, Rakoczy, Spaulding and Zawidzki,2013）。其次，我检索了关于婴儿（Heyes，2014b）、非人类动物（Heyes，2015）和时间压力下的成年人（Heyes，2014a）的内隐心智解读的文献，一直无法找到认知科学所熟知的领域一般性过程所不能解释的内隐心智解读案例。

例如，在一项关于婴儿内隐心智解读的特别强有力的研究中（Southgate, Senju and Csibra，2007）检测预期的眼球运动，25个月大的孩子观看了视频，视频中成年人可在两个窗口上方观察，每个窗口下方是一个不透明的盒子（见图7.1）。每次“熟悉实验”开始时，屏幕底部都会出现一个木偶，并在两个盒子中的一个里放置一个球：分别位于第一个熟悉实验的左侧盒子中（图7.1A）和第二个实验的右侧盒子中（图7.1B）。当木偶消失时，两个窗口都亮了起来，一个音调响起，一两秒后，一只手从装有球的盒子上方的窗口伸出来，从盒子中取出球。然后孩子看到两个“信念诱导”序列中的一个，即错误信念1（图7.1C）或错误信念2（图7.1D），其中木偶：（1）将球放在左侧盒子中；（2）将球从左侧盒子移动到右侧盒子；（3）从右侧盒子中取出球并将其从场景中移除。在这个顺序中的某一点上——在错误信念1中，木偶把球从左盒移到右盒（2），在错误信念2中，木偶把球放在左盒（1）之后，一个铃声响

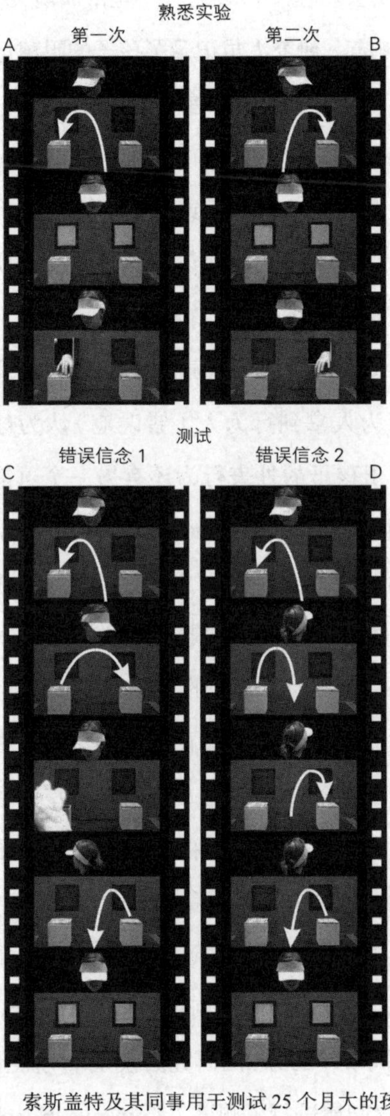

图 7.1　索斯盖特及其同事用于测试 25 个月大的孩子错误信念归属的视频截图
（转载自 Southgate，Senju and Csibra，2007，已获许可）

起，行为人转过头去。在（3）之后，一旦木偶消失，实验开始；窗口被照亮，音调响起。研究人员记录了孩子的眼球运动。他们发现，错误信念1条件下的孩子的眼球首先向右窗口移动，而错误信念2条件下的孩子的眼球首先向左窗口移动。

作为成年人观看这些视频，或阅读对这些内容的描述，我们自然要做大量的心智解读。我们认为熟悉实验表明，行为人将伸手去拿他认为球被隐藏的盒子；转头是一个信号，那就是行为人没有看到球的移动，因此也不知道球的移动，而且孩子的眼球运动是他们期望行为人拿到行为人（错误地）认为球被隐藏的盒子的证据。但是对于孩子的外表行为还有另一个可能的解释：分心或者"无意视盲"（Mack and Rock，1998）。就像成年人因为专注于计数任务而没有注意到一群人中的大猩猩一样（Simons and Chabris，1999），孩子在铃声响起时可能没有注意到球的移动，因为其注意力集中在行为人转动的头部和他正在看的区域。因此，孩子的首次眼球运动是看向上次看到球的位置：在错误信念1中孩子看向右侧盒子，条件是行为人在将球从左侧盒子转移到右侧盒子之后转头；在错误信念2中孩子看向左侧盒子，条件是行为人在最开始将球放进左侧盒子之后就转头。[2]

非人类猿的内隐心智解读的证据也可能是由领域一般性过程（Heyes，2015）引起的。例如，克鲁彭耶（Krupenye）及其同事利用索斯盖特及其同事（2007）的研究为模型，对黑猩猩、倭黑猩猩和猩猩的错误信念归属进行了测试（Krupenye, Kano, Hirata, Call and Tomasello，2016）。在他们的实验中，行为人没有转头，而是在目标物的关键运动时刻离场。这样做的优点是它使猿类可以不分心地观察物体的移动（而不像前面测试中的孩子那样）。然而，它有一个不幸的缺点，那就是让穿着鲜绿色衬衫的行为人成为一个理想的检索提示，也就是一种引起事件回忆的刺激，因为当事件被编码时，它是突出的。猿类可能在每个位置都看到了目标物体，但在实验中，在熟悉实验期间建立的模式指导下，是目标中物体最后一次和亮绿色刺激一起出现的位置被从记忆里提取出来（Heyes，2017b）。

心智解读可以与使用无生命控制程序的领域一般性过程相区别，其中社会刺激被具有类似低水平知觉特征的非社会刺激取代，例如颜色、形状和尺寸。这种技术尚未用于孩子或猿类，但已应用于成年人，它提供了证据表明内隐心智解读属于领域一般性过程（Catmur, Santiesteban, Conway, Heyes and Bird，2016；Santiesteban, Catmur, Hopkins, Bird and Heyes，2014）。这项研究基于“点透视任务”，在这项任务中，被试者会看到类似于图 7.2 左侧的图像，并被要求快速判断自己能看到的点数。根据内隐心智解读的证据，当所有的点都在中心人物（“替身”）（图 7.2A）的前面时，相比有些点在身后的时候，被试者通常会更快做出判断（图 7.2B；Samson, Apperly, Braithwaite, Andrews and Bodley Scott，2010）。通过使用无生命的控制程序，桑蒂斯泰班和同事们发现，当中心对象是一个箭头时——一个无生命的物体而不是一个人的图形（图 7.2C 和 7.2D）——也会出现这种情况，这表明这个效果是由调控自动注意定向的领域一般性机制引起的（Tipples，2008）。[3]

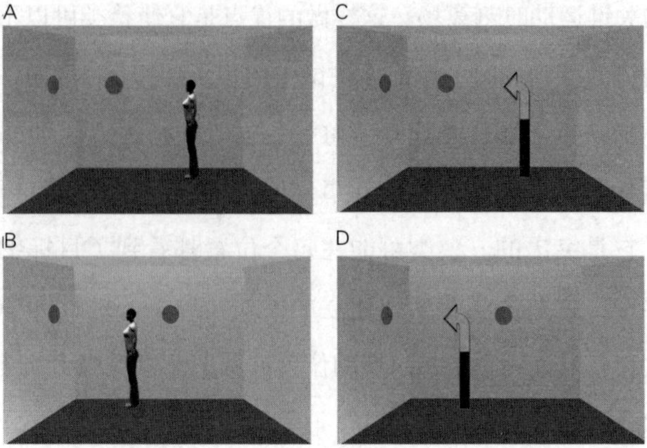

图 7.2 桑蒂斯泰班及其同事用于测试普通成人内隐心智解读的刺激实例
（经美国心理学会的许可，转载自 Santiesteban, Catmur, Hopkins, Bird and Heyes，2014）

这三个例子——涉及孩子、黑猩猩和成年人——支持内隐心智解读的潜心智化解释，该解释认为这不是由表现心理状态的快速而有效的过程引起的，而是由低水平的领域一般性认知机制的运作引起的（Heyes，2014a；2014b；2015）。

潜心智化

通过人类和其他动物对无生命刺激做出反应的研究，认知科学已知悉了一系列领域一般性感知、注意、学习和记忆过程（Eysenck and Keane，2015）。这些过程有别于心智解读，因为它们将世界解析为相对较低级别的特征，如颜色、形状和运动，而不是构造一种叙述，在这种叙述中，行为人出于某种理由对物体采取行动。内隐心智解读的潜心智化解释表明，当被试者——孩子、非人类动物和时间压力下的成年人——经受有生命的刺激时，这些领域一般性机制可以模拟心智解读的效果。例如，他（它）们可以对观察到的数据做出准确的预测。当他（它）们执行一项传统意义上与心智解读相关的工作时，领域一般性机制可以被描述为“潜心智化”，但它们不是以追踪他人行为为目的由遗传或文化进化产生。

内隐心智解读的潜心智化解释与双系统观点略有不同（Butterfill and Apperly，2013）。它们都是第 3 章（James，1890）中讨论的双重过程理论。二者都假设人类的认知涉及两种机制：系统 1 过程是快速的、自动的、平行的，并且基于从基因遗传和领域一般性学习过程（例如运动技能）获得的信息；系统 2 过程是缓慢的、有效的、串行的，并且基于来自系统 1 的信息和由其自身活动生成的信息。此外，它们都假设内隐心智解读是由系统 1 调控的，而外显心智解读依赖于系统 2，并且调控内隐心智解读的系统 1 过程是遗传的。然而，双系统的观点认为，内隐心智解读依赖一个专门用于心智解读的系统 1 过程，而潜心智化的观点认为，内隐的心智解读是由广泛的系统 1 过程引起的，没有一个过程表现心理状态或专门用于社会互动。有实验证据表明，该范围包含的过程不仅负责关联性学习，还负责非自愿注意定向、反应位置的空间编码、以物体为中心的刺激选择编码、追溯干扰、提示性检索以及分心（Heyes，2014a）。但原则上，任何领域一般性系统 1 过程都有助于跟踪其他人的行为。

我称之为“潜心智化”，而不是叫它“准心智化”或“假心智化”，因为我相信系统 1 负责内隐心智化的过程不仅仅是让我们误以为孩子、黑猩猩和忙碌的成年人在表现心理状态。这些系统 1 过程也为真正明确的心智解读提供了替代品和基础（Heyes，2014a）。

作为替代，潜心智化过程允许在没有表现心理状态的劳动的情况下进行有效的合作和竞争。例如，对成人内隐心智化的研究表明，习惯上，我们编码的自身动作的位置，不仅与动作对象以及自己的身体有关，还与他人的动作的位置有关（Dolk et al.，2011）。负责这种响应位置的空间编码的系统 1 过程可能在保持动作协调方面发挥着关键作用。在你我二人一起移动家具或跳舞的时候，如果我们每个人都根据对方的身体和自己的身体编码运动以及关键动作对象和事件的位置，我们的行动将更加有效率和优美。事实上，如果我们都通过领域一般性过程进行这种空间编码，那么我们就不清楚自己将获得什么——我们将如何提高运动效率，如何更加优雅——我们是否在表现对方看到、相信和期望的东西。同样，领域一般性的注意过程，即产生自动注意定向的那一类过程（参见上面的孩子和成人测试），可以使两个行为人的心理状态一致，而没有任何一个行为人表现这种一致。不管我是否正表现着你的心理状态，如果我和你站在同一地点，我们更可能同时拥有相同的信念——同时思考“悬崖边缘就在附近”、“地板上有水迹”或者“有人刚把房间整理好”。就像行动的空间编码一样，这种过程可以替代许多行为协调任务中的心智解读，给予伙伴类似的目标和行动的优先顺序。

通过建立一个“行动词汇”，潜心智化为真正的心智解读提供了基础。在这里，再次与纸质阅读类比可能会有所帮助。通过关联性学习，一个听语音的婴儿可以发现单词和音节等组件的统计规律（Jusczyk，1999）。对这些组件的认识是学习如何将声音映射到字母串上的重要前兆。同样，身体运动也存在可检测的内在规律，部分原因是重力和哺乳动物结构造成的物理约束（Thurman and Lu，2013）。婴儿仅从其低级特征（如颜色、形状和运动）开始解析行为。但是，通过检测身体运动固有的统计规律，关联性学习很快开始建立更高层次的类别并检测顺序依赖性；预测一个运动将在何处结束，以及哪种类型的运动倾向于前后相继（Falke-Yitter, Gredebäck and Hofsten，2006；Frank, Vul and Johnson，2009）。例如，孩子有可能对观察到的身体运动进行编码，这不仅仅是我们可能用文字表示的“圆润的粉红色物体朝向对角的绿色”，而是“朝向绿色盒子的手”。手部运动不再令人惊讶，因为关联性学习已经发现手部运动往往先于头部运动发生，或者更可靠的关系——先于眼球运动，朝向相同的方向。孩子开始注意到手碰到盒子时会发生什么：它会消失，然后出现另一个物体。由此产生的行动词汇为心理状态术语和关于心理状态如何与行为相关的指示提供了一组初始指示物（Skerry, Carey and Spelke，2013）。通过关于心智的对话（本章第2节“学习心智解读”），儿童学到的不仅限于他们通过关联性学习发现的高水平行为特征的标签，此外，通过系统2过程的运作，而不是关联性学习，他们发现了更抽象的行为特征，并发展了一种整体的、新的思考行动的方式——作为内部状态的产物，表现世界和彼此，即明确的心智解读。但是，这种调控语言的学习的基础，或者说是支架，是通过潜心智化建立起来的行动词汇。

潜心智化假说和更普遍的心智解读的认知工具理论认为“语言优先”。通过语言，孩子们学会心智解读。因此，认知工具理论对于那些认为“心智解读优先”的人来说是非常不可信的，据此，心理状态的归属是语言交流的先决条件（Bloom，2001；Sperber and Wilson，1995；Tomasello，2003）。心智解读首先来自格瑞斯对语言的描述（Grice，1957），其中交际行为（语言或非语言）只有在行为主体 A 意图接受交际时，才具有语言意义，B 认识到行为是由 A 执行的，目的是使 B 以特定的方式做出回应。因此，A 的行为必须植根于一个关于 B 的心理状态的心理状态，A 归于 B 的心理状态必须是关于 A 的心理状态。在格瑞斯的观点中，一种交流的意图是改变他人的心理状态（Sperber and Wilson，1995）。

我没有资格对格瑞斯语言学理论的优点发表意见，但我怀疑有两个原因使它与认知工具——语言优先的心智解读观点——相冲突。首先，即使是全能的格瑞斯学派也不认为格瑞斯在心理学上对人们彼此交谈时发生的事情进行了客观的描述；他提供了语言的“理性重构”，而不是科学理论（Sperber，2000b）。其次，摩尔（Moore, 2016；待刊）令人信服地指出，在进化和发展时期，格瑞斯式的交流能够依赖最少的心智解读在进化和发展阶段开始发展。这 一切所需要的只是“对他人有目的的活动和愿望的基本理解，与一些人一起行动，追踪其他人见过或没见过的事物”。

根据摩尔的分析，我认为这些要求可以用一种更加精简的方式来描述，明确地表明它们可以通过细分来满足。要开始学习语言，孩子必须懂得一些关于行动–结果关系的知识（而不是“有目的的活动和愿望”），并能够追踪其他人的看法（而不是“看到”）。

心智解读优先的支持者认为，无论格瑞斯式的交流是否需要复杂的心智解读，婴儿内隐心智解读的证据表明，人类在能够进行对话之前很久就能够进行心智解读。总之，我在这里和前面的章节中都曾说过，在时间压力下，孩子、黑猩猩和成年人的内隐心智化是由领域一般性认知过程——潜心智化，而不是心智解读——引起的。

我一直主张对复杂的心智解读进行心理解释，因为我认为它提供了现有证据的最佳匹配。然而，应该指出的是，认知工具对心智解读的看法并不取决于心理解释的正确性。双系统和潜心智化假说都表明，心智解读或“复杂的心智化”——使我们能够思考心理状态和用语言表达我们对心理状态的想法——是一种认知工具。

小结

心智解读就像纸质阅读一样具有规定性和解释性；在认知上要求高，发展缓慢，并以神经特化、发育障碍和文化变异为特征。此外，从自然实验、观察研究和传统实验得出的证据表明，像纸质阅读一样，心智解读是通过学习和明确的指导习得的。它是通过文化传承的，是认知工具。上一代人向新手传达心理状态的概念以及表达这些概念的方式。随着新手日趋成熟，他们将心智解读的知识和技巧传给文化上的下一代。

纸质阅读和心智解读之间的类比并不完美。“声音象征主义”表明，题词与其相应的语音和指示物之间的关系往往取决于神经系统的特征（Ozturk, Krehm and Vouloumanos，2013），但这些关系很可能比可观察到的行为和心理状态之间的关系更随意。在这方面，计算能力可能比识字能力更好。然而，心智解读不仅在对遗传机制的弱依赖和对教学的强依赖方面，而且在文化遗产的形式和规模方面，都可与纸质阅读相媲美。就像纸质阅读一样，心智解读机制代表了不同心理状态之间、不同行为之间、世界不同事件之间的代表性关系，并允许心智解读者调节和解释几乎无限范围的心理内容。因此，与纸质阅读一样，心智解读是教学的一种特殊认知成分——一种拥有增强文化传承的保真度的巨大潜力的实践。下一章将重点讨论人类教学的另一个重要因素——语言。

第8章

语 言

语言通常被描绘为人类认知进化中闪亮的分界线。许多文化中的古老传说表明，一旦跨越了语言边界，我们祖先的思想和生活就会永远改变。现在，我们能够进行抽象思维和微妙的交流，我们变得与所有其他动物截然不同——更像神而不是兽。

在本章中，我不想质疑语言的重要性。抽象思维在人类生活中可能不像人们想的那样具有决定性作用，语言交流也远不是文化传承的唯一重要渠道，但毫无疑问，语言是一项非凡的技能，是使人类与众不同的最重要能力之一。我想探讨的是语言是如何进化的，这种进化是遗传方面的还是文化方面的，以及它神一般的声誉是否会影响试图回答这个问题的科学尝试。

前面三章阐述了某一种特定的认知能力——选择性社会学习、模仿、心智解读——是否是遗传或文化进化的产物。在本章中，我作为一个门外汉向大家进行汇报。作为一名对社会认知有特殊兴趣的认知科学家，我从事社会学习、模仿和心智解读的研究已有数十年，但在开始写这本书之前不久，我才对语言有了较多的了解。从1980年前后学心理学开始，每当我窥探语言科学中正在出现的理论时，我就会觉得自己是外行，并非仅仅因为那些术语，还有那些基本规则的奇怪特征。人们期望的那些在解释语言时至关重要的信息似乎很少受到重视。曾有人对动物交流、儿童如何获得语言以及成年人如何以如此不可思议的速度产生和理解语言进行过精细的研究，但他们的劳动成果似乎并没有对语言的解释方式产生太大影响。大问题是关于“普遍语法”的，它们不是通过研究心智，而是通过研究句子来得到解决。更令人费解的是，虽然研究的目的是为了寻找普遍性，但大部分的句子都是用英语写的。所以，每次窥探后，我都会溜走，希望下次再看的时候这一切都会更合理一些。现在，在我第一次开始窥视的35年之后，经过大量的阅读，它确实更合理了。因此，本章的目的，部分是作为非语言科学专业的人的一个指南。读者可能像我一样，一直好奇语言学领域有何进展。

第1节植根于乔姆斯基著作中关于语言起源的遗传进化描述，将其与基于“建构主义”方法的文化进化描述进行对比。第2节讨论了两种现象——语言的普遍性和语言发展的关键期，它们往往被认为是决定性的，但其实并没有那么重要；它们不支持遗传超过文化的假设，反之亦然。第3节着重介绍近年来的研究成果：语言处理功能广泛分布于整个大脑；语言的产生和理解依赖序列学习的领域一般性过程；孩子们被其他行为人塑造，使用所属社会群体的典型语言。这项研究并没有表明文化进化假说是正确的，遗传进化假说是错误的。事实上，正如我在第4节中论证的那样，基因解释的特征和历史让人怀疑它可能被任何关于心智如何运转的实际信息抹黑。然而，正如最后一节中讨论的那样，最近关于神经定位、序列学习和社会塑造的发现使语言起源的文化解释具备了足够的合理性。对于那些和我一样困惑的外行人来说，专业人士的理论故事并不像我们外行人站在外边看的时候那样吸引人，而且不再那么晦涩难懂的理论也已经出现了。

城里的两场比赛

一、语言的遗传进化

从技术上讲，语言进化有一系列的基因解释，也被称为普遍语法或本能论。这些理论在两个方面是相同的。首先，它们都源自20世纪50年代末60年代初乔姆斯基的工作。其次，它们都声称语言的习得是通过遗传的语言信息实现的。没有人怀疑语言学习需要广泛的基因遗传资源，包括记忆能力、领域一般性的感知和运动技能，以及特定的发声器官。基因解释的独特之处在于，这一理论的支持者认为支持语言习得的基因资源包括有关语言抽象结构以及语法特征的信息，他们声称所有的语言都有共同的语法特征。

随着时间的推移，有关这种特定于语言的遗传信息的内容的观点发生了根本性改变，并且仍存在广泛的意见。例如，乔姆斯基（Chomsky，1957）最初提出，人类继承了“转换”的知识，规定了如何从旧的句式（主动语态：鲁道夫攻击贝西）生成新的句式（被动语态：贝西被鲁道夫攻击）的规则，并且孩子就像一个小科学家一样，利用这些转化通过推理发现关于语法的知识（Cowie，2016）。相比之下，乔姆斯基后来的“原则和参数”方法（Chomsky，1981；1988）把语言的习得作为一整套成熟的被动过程，就像鸡原本就长着翅膀，并且表明我们天生的语言知识更加丰富。它不是转换规则，而是由成熟的、明确指定的语法原则和开关组成，儿童在成长过程中听到的句子会随着语言环境的变化而变化，以适应特定的自然语言（Chomsky，1988：61）。最后，在最近的工作中，乔姆斯基和他的合作者把普遍语法简化到了极致（Berwick and Chomsky，2015；Chomsky，1995；Hauser, Chomsky and Fitch，2002）。他们的“最简方案”表明，唯一遗传的、特定于语言的信息是支持合并操作的信息。这个操作组合了两个句法对象（类似单词的心理元素，或由合并预先产生的这些元素的化合物）来制作一个新的句法对象。例如，单词元素“读”和“书”可能被合并生成动词短语“读书”，然后这个新的对象可以以分层的方式与其他单词元素合并，产生更大、更复杂，可以在一个句子中重复使用和自指的句法对象。在当代语言科学中，一些学者支持最简方案（Boeckx，2006）；另一些人坚持一些非常接近原则和参数方法的解释（Crain, Goro and Thornton，2006）；

还有一些人提倡“简化语法”，简化了这种方法，认为语法的天生原则为学习提供了指导，而不是成熟的蓝图（Culicover and Jackendoff，2005；Pinker and Jackendoff，2005）。

作为从乔姆斯基（Chomsky，1965）早期工作中遗留下来的一部分内容，语言进化的基因解释明确区分了语言能力和语言行为。语言能力是由任何给定的理论定义为普遍语法的内容。语言能力是通过基因遗传的，在每个人身上都是一样的，并且包含了无数的语法正确的句子。对能力的研究属于语言学的范畴，语言学试图制定出适用于所有自然语言的最优雅、经济的规则，并将这些规则作为普遍语法的候选成分，与母语者对其语言中语法正确与否的直觉进行对比。相比之下，乔姆斯基使用“表现”一词来指代与语言有关但不属于普遍语法的所有内容（Lyons，1977）。这一类范畴包括所有与语言的个体发育和在线控制相关的心理学过程，还包括那些产生语言表达并使语言表达被理解的心理学过程。据推测，由于速度和时间的限制，这些过程会导致说话者使用其天生的语法知识所允许的一小部分句子。与能力相比，表现是很弱的，它是心理学、社会学和人类学的范畴，不属于语言学。乔姆斯基关于语言能力与表现之间的差异的观点使语言发展的研究形成了一种根深蒂固的分工，即语言学家通常会使用母语者的直觉去研究这一语言中抽象且理想化的属性，而其他语言学家则会利用实地观察和实验室实验研究语言在现实中是如何发展并被用于交流的。

图 8.1 取自克里斯蒂安森和蔡特的论著（Christiansen and Chater，2016：9），重新阐述了语言进化的当代“渐进主义”

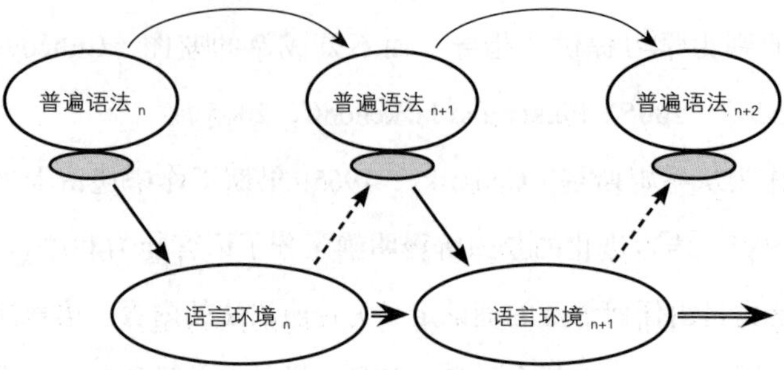

图 8.1 语言进化的渐进式遗传理论示意图
（经麻省理工学院出版社许可改编，Christiansen and Chater, 2016）

遗传理论的关键特征（Culicover and Jackendoff，2005；Pinker，1994；Pinker and Bloom，1990）。这些理论是对乔姆斯基普遍语法研究的发展。乔姆斯基认为语言能力是在较近的时期通过突变偶然出现的（Berwick and Chomsky，2015；Chomsky，1972；Hauser et al.，2002），而与乔姆斯基的观点不同，渐进主义理论与语言进化的文化解释相容，认为语言是通过选择过程形成的。在图 8.1 中，上方的三个椭圆用弧形箭头连接，表示普遍语法的连续形式（n，n+1，n+2），即构成语言能力的关于语言的遗传信息的形式。阴影椭圆代表表现过程。它们负责句子（斜箭头）的引导和理解，因此受到普遍语法的驱动和约束；它们生成语言环境（实线斜箭头）。这种环境——实际说话和听到的话语——随着时间的推移（双箭头）以广泛的文化方式发生变化。在普遍语法施加的约束下，新的说话方式出现并通过社会学习传播，另一些则下降。在很长一段时间内，语言环境中的这些变化对表现过程（虚线斜箭头）以及通过这些过程对编码普遍语法的基因施加了新的选择压力。

二、语言的文化进化

语言进化的遗传理论植根于语言学的普遍语法或结构主义方法，而另一种文化理论植根于建构主义、认知主义或功能语言学（Bates and MacWhinney，1982；1989；Lakoff，1990）。托马塞洛（Tomasello，1995）在一篇关于结构主义和功能主义方法差异的文章中，强调了四个对比。第一，目的：结构主义寻求数学上的优雅，而功能主义看重心理上的合理性。第二，基本区分：结构主义将意义与句法进行对比，将其理解为句子中的成分顺序，而功能主义将意义与语言符号的所有属性进行对比，包括（当符号是句子时）成分的顺序以及所使用的特定词语及其变化。第三，普遍性：结构主义将跨语言的共性归因于天生的语言特定信息，而功能主义认为，就语言上的普遍性而言，它们源于一个事实，即所有人类都具有相同的领域一般性认知资源、交际目的和沟通渠道。第四，发展：结构主义假定语言的个体发育是基因蓝图的展开，或者说它是由致力于语言学习的心理过程——一种“语言习得装置”——引导的。相比之下，功能主义认为语言习得依赖于由来自其他主体的语言和非语言输入所引导的领域一般性认知过程。

至少有两种关于语言起源的文化进化学说是从功能语言学发展而来的，一种是由托马塞洛（Tomasello，2003）提出的，另一种是由克里斯蒂安森和蔡特（Christiansen and Chater，2016）提出的。我将重点讨论后者，因为在托马塞洛早期工作的基础上，克里斯蒂安森和蔡特的理论更加明确，对认知科学中的当代研究做了更多的说明。图 8.2 显示了克里斯蒂安森和蔡特对他们理论的图解。上方的三个大椭圆用弧形箭头连接，代表正在演变的系统的连续状态。这个系统不是一个普遍语法（图 8.1），而是无数相互关联的构造或处理事件（P_h—P_k）发生在某一语言环境内（各个虚线椭圆）。处理事件可以是试图理解语言环境中的话语（指向斜上方的箭头）或产生有助于语言环境的话语（指向斜下方的箭头）。多年来，语言知识是通过无数的处理事件（与语言环

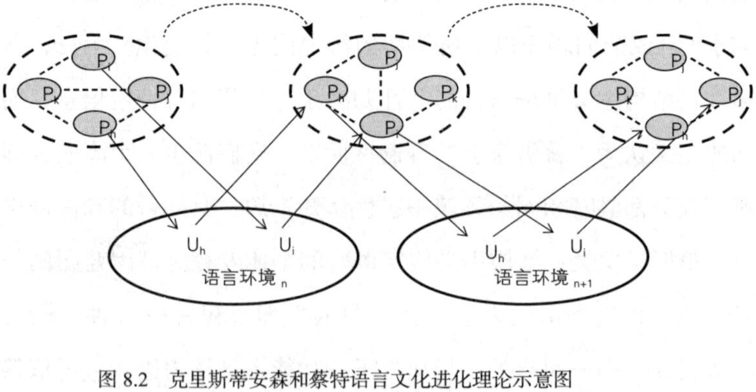

图 8.2 克里斯蒂安森和蔡特语言文化进化理论示意图
（经麻省理工学院出版社许可改编，Christiansen and Chater，2016）

境的互动）以及通过跨越处理事件的一般化（P之间的虚线）获得的。这些知识由领域一般性记忆和序列学习过程编码，早于语言的出现；语言习得的认知过程是通过遗传进化来实现非语言功能的。事实上，在克里斯蒂安森和蔡特的描述中，由领域一般性机制所施加的约束是语言文化进化的选择性环境。换句话说，语言是由大脑塑造的（Christiansen and Chater，2008）。更容易通过这种机制处理的构造/处理事件更可能产生可理解的话语，从而在群体中扩散。随着时间的推移，这种选择过程改变了处理事件的群体——也就是说，改变了语言社区的语言——使其更好地适应领域一般性认知过程，因此更具表现力。[1]

对乔姆斯基著名的刺激贫乏理论的反思使得人们更容易看到语言进化的基因解释和文化解释之间的本质差异。乔姆斯基很少以一般形式提出他的刺激贫乏理论，但是，根据考伊（Cowie，2016）的说法，该理论可以总结为：

前提：

1. 掌握一门语言需要掌握普遍的语法知识。

2. 为了学习普遍语法，儿童需要获得某些种类的数据。

3. 这些数据在儿童语言环境中无法获得。

结论：

1. 无法学习普遍语法。

2. 普遍语法是基因遗传和（或）天生已知的。

在功能主义或建构主义语言学的基础上，语言演变的文化解释挑战了刺激贫乏理论论证的所有三个前提。它声称：（1）语言的掌握需要结构知识，而不是普遍语法的知识；（2）构造的边缘是通过序列学习过程获得的；（3）这种学习所需的数据可在儿童的语言环境中获得。本章的第 3 节调查了最近一些支持这三种说法的研究，但首先让我们来看看关于语言的两个长期研究领域——普遍性和关键期——它们很容易被误认为产生了有利于文化解释的决定性证据。

长故事

一、普遍性

据估计，历史上出现过 50 万种人类语言（Pagel，2000）。今天世界上有 5000 ~ 8000 种语言在使用。在这些现存的语言中，只有大约 10% 有详细记录。尽管如此，在比较语言学方面的研究已经揭示出惊人的语音（包括手语）、形态、语义和语法（Evans and Levinson，2009）多样性。例如，有些语言没有副词；有些语言没有形容词；有证据表明，有些语言中名词和动词之间没有太大差别（Jelinek，1995）。此外，除了四大词类（名词、动词、形容词和副词）以外，有些语言还有其他主要的词类，而这四大词类是印欧语系的特点。其中一个附加类的成员，即拟声词，通常以一种综合的方式编码某一事件的跨通道感知特性，例如蒙达里语的“ribuy-tibuy”，指的是“胖子的臀部在走路时摩擦在一起的声音、视觉或动作”，“rawa-dawa”意思是“突然意识到你可以做一些应受谴责的事情，而且没有其他人在场的感觉”（Osada，1992）。更普遍的是，埃文斯和莱文森（Evans and Levinson，2009）从比较语言学中发现了证据，对所有语言的共同点提出了质疑。除了所有语言都有四大词类的提议之外，还包括声称每种语言都有：（1）主要短语类别；（2）短语结构规则；（3）线性顺序规则；（4）动词词缀；（5）助词；（6）词素；（7）数字；（8）疑问词移位，即允许疑问词，例如谁、什么、哪个，出现在句子的开头。

因此，比较语言学所产生的图景乃是语言具有丰富多样性的表征之一。大量的证据对“所有语言都有X”这种形式的各类主张提出了挑战。这张图消除了这样一种现象，即有确凿的证据证明大多数人都能够通过“语言普遍性”理解：除了那些定义什么是语言（例如，离散性、随意性和生产力）的特征之外，所有语言都有共同的特征。

然而，令人惊讶的是，鉴于语言进化的基因解释是建立在“普遍语法”的基础上的，缺乏所有语言的共同特征并不意味着文化因素比基因因素更重要。有两个原因。首先，文化进化论并不能预测所有维度上的多样性，或者换句话说，它并不禁止普遍性。这可能表明，所有语言都具有某些特征，因为它们都从文化上继承自同一种原始人类语言（Cavalli-Sforza，1997），或者因为每一种人类语言的文化进化都受到相同的领域一般性认知来源、交际目的和交际渠道的制约（Tomasello，1995）。因此，在对“传统的普遍性”的直截了当的理解中，它们可能是由文化传承的信息和（或）领域一般性的遗传信息导致的。它们不一定是天生的语言知识。其次，基因解释的支持者，更普遍的是普遍语法的支持者，并没有直接使用“语言普遍性”这个术语。对他们来说，重要的语言普遍性是普遍语法的定义特征；通过基因遗传的语言信息使它们成为可能。或者，换句话说，它们是基因遗传的思想语言的特征，而不是自然语言的特征（Berwick and Chomsky，2015）。这种意义上的“普遍”不需要在所有或者甚至是在最自然的语言中出现，并且在所有语言中都出现的特征并不必然具有普遍性（Boeckx，2006；Chomsky，1965；Pinker and Jackendoff，2005）。

这种关于语言普遍性的构成的观点使得用认知科学家认可的方式检验语言的普遍性成为可能。对经验测试的豁免最生动的例子涉及句法递归，这个特征是乔姆斯基一贯认为的普遍语法的核心组成部分。来自比较语言学的数据表明，递归在几种语言中是极其有限的，实际上，一些数据表明，它至少在一种情况下不存在：亚马孙语言皮拉罕语（Everett，2005）。尽管如此，语言进化的基因解释的支持者们并不受此影响（Fitch, Hauser and Chomsky, 2005）。他们没有一个公认的语言普遍性的列表，也没有一套公认的普遍性的标准，但是遗传解释的支持者一致否认，一个特征的普遍性取决于它在自然语言中的分布。

二、关键期

对于大多数成年人来说，学习第二语言是很困难的。我们通常需要花费无数个小时的努力来吸收词汇、习语和语法规则，然后才能在实际生活中流利使用它。乍一看，通常掌握第二语言所要付出的努力似乎对语言的遗传解释不利。如果天生的语言学知识让掌握第一语言变得如此容易，为什么它不也把风吹向第二语言学习的风帆呢？然而，基因解释的支持者早就解决了这个问题，他们认为语言学习是一个“关键期”现象（Lenneberg，1967；Pinker，1994）。受 20 世纪 50 年代和 60 年代印刻和鸟鸣学习研究的影响，他们提出，基因使得普遍语法仅在发展的一段时期内可用于指导语言学习。窗口在出生后不久打开，在青春期前后关闭。因此，儿童和成人依赖不同的机制进行语言学习，而且，在成年后学习一种语言时，很少达到像儿童时期学习时的掌握程度。

语言学习是由基因安排的一个关键期现象，这一说法存在许多问题。第一，自 20 世纪 60 年代以来，即使在典型的涉及印刻和鸟鸣的案例中，从易学到难学的转变也通常依赖经验，而不是基因（Michel and Tyler，2005）。第二，目前还不清楚在人类青春期发生的普遍语法的转换在繁殖适应性方面的优势是什么，特别是有迹象表明，双语或多语言的掌握很有可能是人类所特有的能力（Evans，2013）。第三，人们普遍接受的“野孩子”文学作品暗示了人类在青春期之后就无法正常习得母语的观点，事实上这个观点是不足以被“野孩子”的案例解释的，因为这其中所涉及的儿童大多都遭受了多种形式的资源剥夺和虐待，而不仅仅是缺乏语言的输入（Skuse，1993）。第四，对移民的研究表明，他们对新语言的使用的熟练程度与在青春期之前或之后接触语言无关，而与他们接触到的新语言的数量有关（Birdsong and Molis，2001；Flege, Yeni-Komshian and Liu，1999；Hakuta, Bialystok and Wiley，2003）。第五，最近的研究表明，以前的研究高估了第一和第二语言使用者在熟练程度上的差异。大多数第一语言能力的评估是在受过高等教育的人群中进行的。当接受测试的第一语言使用者受教育程度相对较低时，他们中的许多人比第二语言使用者更难以理解语法复杂的结构、被动语态和使用全称量词“每个”（every）的句子（Dabrowska，2012；见下文）。第二语言学习者很少获得典型的音韵学训练——学习辨别语音有关键期（Werker and Hensch，2015）——但音韵学与普遍语法几乎没有关系。此外，第二语言使用者的发音很少能和母语人士完全一样，这可能是因为一种天生的对范畴感知的领域一般性倾向（Chang and Merzenich，2003；Cowie，2016），和（或）在第一语言学习过程中形成的音韵表征的重用（Christiansen and Chater，2016）。它不一定是由基因遗传的语言特定信息造成的。

因此，关键期的争论并没有产生证据来支持语言进化的文化解释胜过基因解释这一主张。从历史上看，这场争论可能看起来像是基因解释的失败。它试图通过假定语言学习的关键期来解决问题，但由于上述原因，解决方案没有奏效。这是一个合理的解释，但它现在并没有告诉我们基因或文化解释哪一个更可能是正确的。不管怎样，它们都可以解释相关的数据。

最近的经验发展

在上一节中讨论的语言普遍性和语言发展的关键期，作为语言进化之争的战场已超过 50 年。本节重点讨论三个主题——神经定位、序列学习和社会塑造，这三个主题虽然不是全新的，但近年来已经进行了大量的研究，提供了支持文化解释的积极证据。

一、神经定位

安德森（Anderson，2008）针对 450 多项功能磁共振成像（fMRI）研究的荟萃分析发现，语言处理过程中的活动比其他类型的任务都更广泛地分散在大脑中。语言的神经反应性的空间分布大于推理、记忆、视觉感知、心理意象、情绪、动作和注意力。波德拉克（Poldrack，2006）在对 fMRI 数据的另一项荟萃分析中发现，布罗卡区是大脑的一个区域，作为一个“语言中心”，在涉及与语言无关的辅助性任务的更多研究中（199）比在语言处理研究中（166）活跃。此外，数据库中旨在评估语言的所有 869 项研究中，只有 19% 激活了布罗卡区。

这些实质性的发现非常有趣。综合起来，他们认为语言涉及异常广泛的神经结构，参与语言处理的大脑区域联盟的每一部分都有许多其他的非语言功能。[2] 但是，语言不是局部的，而是依赖于分散的、多功能的大脑区域，这一发现并没有破坏语言进化的基因解释。人们一再声称（Lenneberg，1967）或暗示（Pinker，1994），语言功能定位在布罗卡区或其他区域将支持基因解释，而非文化解释，但不清楚为什么人们曾认为情况就是如此（Cowie，2016）。也许人们认为遗传选择有利于神经效率的局部化，因为神经网络之间的长距离通信比相邻网络之间的通信需要更少的能量，而且更少出错，文化选择则不具备这些优势。如果这个假设是有效的，那么语言是分散的而不是局部的这一证据将不利于基因解释。然而，最近脑组织的重用（reuse）理论认为该假设是无效的。重用理论意味着分散而非局部化才是常态。新的认知功能通常需要一系列拥有各种功能的分布在大脑中的网络。至关重要的是，在目前的情况下，这些理论所依据的数据表明，神经再循环是通过遗传进化（“大规模重新部署”理论；Anderson，2010；2016；Anderson and Finlay，2014）以及，和读写、计算一样，通过文化进化（如“神经再循环”理论；Dehaene，2009；2014）实现的。因此，语言对分散的、多功能大脑区域的依赖，虽然与一些长期以来关于遗传进化如何组织大脑的假设不相容，但与语言进化的文化和基因解释是一致的。

二、序列学习

文化解释认为语言习得不是由普遍语法驱动的，而是由序列学习的领域一般性过程驱动的；换句话说，这些过程使用“统计”或“关联”原则对关于语言和非语言项目的时间顺序的信息进行编码，用视觉和听觉的方式呈现。证实这一提议的证据来自计算机模拟、成年人、发育中的儿童、“特定语言障碍”儿童和非人类动物。

计算机模拟表明，在给定一系列语言输入的情况下，领域一般性序列学习网络可以获得处理复杂图形构造的能力，而不需要由计算机设计的内置特征来处理这些构造。例如，克里斯蒂安森和麦克唐纳的研究（Christiansen and MacDonald，2009）表明，在接受复杂的递归构造之后，基于简单递归网络（SRN）的序列学习程序可以处理递归构造的新实例和训练中使用的实例，并且网络的表现与人类参与者的处理结果非常接近。

其他的研究，以成年人为研究对象，通常考察“人工语法学习”。使用任意一组规则来生成刺激序列（例如，颜色、位置、字母、象形图），并且在接触各种正确（即符合规则）序列一段时间之后，人们被要求判断新序列是否正确。与成人参与者一起使用人工语法的优势在于，要学习的序列虽然是非语言的，但可能与自然语言中发现的句法结构一样具有挑战性。例如，它们可以包含非相邻的依赖项，例如“红色跟随蓝色”，其中红色和蓝色之间总是有序列元素。这种研究一直表明，在成年人中，人工语法学习中的个体差异与句法技能正相关，如主语和宾语从句结构的处理（Misyak and Christiansen，2012）。此外，这些“人工”研究的发现在涉及母语为英语的人的自然主义研究中得到了证实，他们通过记忆《古兰经》（Zuhurudeen and Huang，2016），在极少的语言提示下接触了阿拉伯语的句法规律。

对儿童的研究也取得了类似的结果。例如，在6 ~ 8岁时，儿童学习“外星人”进入太空船的顺序的能力预示着他们处理被动语态和宾语从句的能力，即使在年龄、语言工作记忆和非语言智商受到限制时这些预测关系仍然存在（Kidd，2012；Kidd and

Arciuli，2016）。有趣的是，同样的原则也适用于有特定语言障碍（SLI）的儿童。正如这个术语所暗示的那样，具有特定语言障碍的个体在处理语言语法时通常具有特定的、遗传上的缺陷（Van Der Lely and Pinker，2014）。然而，最近有谨慎控制的研究表明，相对于相同年龄的正常发育个体而言，患有特定语言障碍的儿童和青少年在一系列序列处理任务中存在障碍（Hsu and Bishop，2014；Hsu, Tomblin and Christiansen，2014；Tomblin, Mainela-Arnold and Zhang，2007）。

非人类动物呢？根据文化进化的解释，支持语言学习的序列学习过程在性质上与其他动物的序列学习过程相似。然而，在人类中，这些过程在语言出现之前通过进化得到加强（Christiansen and Chater，2016）。与这幅图相一致——但也与语言进化的基因解释直接相关——使用非人类动物的人工语法的研究表明，与人类相比，它们的序列学习能力有限。到目前为止，有证据表明它们可以在序列的开始或结束时编码序列元素的重复和特定单元的出现（ten Cate and Okanoya，2012）。然而，三项研究进展为文化解释提供了更具体的支持。首先，一项特别严格的研究发现，有证据表明，旧世界猴比与人类亲缘关系更远的新世界猴能够更好地学习复杂的人工语法（Wilson et al.，2013）。其次，详细的神经计算模型表明，原则上，人类和非人灵长类动物共享的系统可以完成句法处理。在这个模型中，大脑腹侧处理流负责听觉对象识别，背侧流调控序列处理，并且通过更好地整合来自前额皮质的两个流的信息使语言成为可能（Bornkessel-Schlesewsky,

Schlesewsky, Small and Rauschecker，2015；Ivanova et al.，2016）。最后，最近对小鼠的研究表明，FOXP2 在更普遍的序列学习中起着关键作用，并非此前人们认为的“语言基因”。（Tomblin, Shriberg, Murray, Patil and Williams，2004）。将人源化版本的这个基因植入小鼠体内，对皮层-基底神经节回路——这个回路在序列学习中很重要（Reimers-Kipping, Hevers, Paabo and Enard, 2011）——有一定的影响，并且在行为层面增强了对动作序列的学习（Schreiweis et al.，2014）。

三、社会塑造

乔姆斯基的刺激贫乏理论假设，要在没有天生语言知识的情况下学习语法，孩子不仅需要“正”输入（如接触语法正确的判断），还需要“负”输入，即环境反馈指出什么是不正确的，并且孩子没有接受负输入。后一种假设是基于后来被证实不可信的证据。乔姆斯基借鉴了布朗和汉隆的报告（Brown and Hanlon，1970），一个名叫伊芙的孩子与照顾者互动的文字记录表明，她没有接受负输入。然而，莫尔克（Moerk，1991）对文字记录进行了再分析，发现伊芙的语义和句法错误被她的照顾者多次纠正。尽管如此，在对语言进化的遗传和文化解释的支持者中（Christiansen and Chater，2016），这个想法一直存在：语言学习的负输入很少。

这种挥之不去的怀疑是令人好奇的，因为有充足的证据表明存在大量的负输入（Bohannon, MacWhinney and Snow，1990；Cowie,

2016）。例如，博安农和斯坦诺维茨（Bohannon and Stanowicz，1988）分析了2～3岁儿童与父母和其他成年人互动的文字记录，发现大约三分之一的语音和句法错误得到了负反馈——它们被拒绝了或者被反复纠正——而且，与德米特拉斯、波斯特和斯诺（Demetras, Post and Snow，1986）一样，不正确的句子比正确的句子更不可能被父母逐字重复。虽然目前尚不清楚关于语言进化的争论双方为何都在很大程度上忽视了这种基于文字记录的证据。但最近的两项进展可能会使它更加突出。首先是，走向观察和实验研究的趋势表明了负输入不仅有用，而且对语言学习有重大影响。例如，在对母亲及其子女的纵向研究中，陶默波（Taumoepeau，2016）发现，有证据表明，母亲“表达”她孩子的话语的自发倾向——在提供缺失句法信息的同时重复意义——有助于词汇学习。

至于第二项发展，达布罗斯卡（Dabrowska，2012）发现，受过正规教育不到11年的母语为英语的人，与受过正规教育至少17年的人，具备不一样的语法知识。例如，受教育程度较低的说话者难以理解所有格表示位置的句子，这不能用缺乏动机或实验环境中的压力来解释。当试验人员给出“每条鱼都有一个碗”（Every fish has a bowl）这样的句子，并要求被试者说出句子描述的是两张图片中的哪一张时，受教育程度较低的说话者可能会选择一张显示三个碗的图片，每个碗包含一条鱼，再加上一条没有碗的鱼（Street and Dabrowska，2010，实验1）。如果以英语为母语的人之间存在语法知识的多样性，不一定是由于他们接受的负输入不同。然而，要确认这种多样性的存在就要先发现其来源，一项后续研究提出了负输入的作用，在这项研究中，受教育程度相对较低的被试者接受了包括纠正在内的明确训练，提高了对所有格位置的理解（Street and Dabrowska，2010，实验 2）。

广泛的论点

上一节回顾的研究——关于神经定位、序列学习和社会塑造——似乎就像关于普遍性和关键期的研究一样，支持语言进化的文化而非基因解释。它证实了对文化解释的新预测，并且在一些情况下——与神经定位、“特定语言障碍”、FOXP2 基因和负输入有关——破坏了以前被认为有利于基因解释的发现。然而，尽管似乎是一系列长期的经验性失败，但基因解释并没有式微。支持者继续合理地争辩，列出新的数据：（1）脱离目标（例如，语言普遍性不是所有自然语言共有的特征）；（2）涉及的是他们的理论的非本质特征（例如，一定有语言基因，但 FOXP2 基因不必是其中之一）；（3）可以被他们的理论完全容纳。例如，丽兹和加利亚迪（2015）认为，所有最近的数据表明，领域一般性学习过程的力量与普通语法的存在完全兼容。序列学习仅仅提供了语言学习系统的“推理”部分，而普遍语法提供了“演绎”部分。

作为一个外行人，我觉得基因解释的韧性非常令人费解。在认知科学领域，任何其他受到如此多实证冲击的理论似乎早就失去了可信度。基因解释继续保留且支持者越来越多的事实引发了两个相关的问题：为什么它如此有韧性？如果是这样，如何驳倒它？

有三个因素似乎促成了遗传理论的复原力。首先，对实证研究来说，它是一个多样的、不断变化的目标。所有当代版本的遗传理论都植根于乔姆斯基关于普遍语法的研究，但有些人声称语言是通过传统的适应过程逐渐出现的，而另一些人认为语言是由于偶然突变出现的。此外，自20世纪50年代以来，关于普遍语法内容的主张发生了根本性的变化——从转换到原则和参数，再到最简方案——这些观点中的每一个都继续在当代语言学中得到体现。意见分歧和理论变革是科学探究自然且健康的部分。然而，语言遗传解释的多样性和流动性的程度使得测试非常困难。对一个版本计数的结果很可能与另一个版本兼容。其次，语言能力与语言表现的分割有助于遗传理论的韧性。长期以来，这种区别一直是乔姆斯基工作的核心，现在被视为遗传的“思想语言”（语言能力）和“外化”过程（语言表现）之间的一道鸿沟，它通过各种手段将思想工具——普遍语法，转化为交流工具——自然语言（Berwick and Chomsky，2015）。当然，这是关于心智运作方式的一套完全一致的说法。然而，和能力-表现区分的前身一样，它威胁要将关于普遍语法的假设与认知科学的评价隔离开来。认知科学家可以发现的关于自然语言习得和加工的任何东西——在婴儿、成人和非人类动物的研究中，通过自然主义研究、实验和计算机模拟——很可能被重新定义为一个关于外化的发现，而与普遍语法的性质或起源无关。

最后，更具推测性的是，遗传理论可能是有韧性的，因为它涉及历史上对语言及其对定义人性的作用的深刻信念（Eco，1995）。语言存在于我们的基因中，只有我们的基因，能够在人类和其他动物之间画出一条明显的分界线。它还表明，对我们来说宝贵的东西——理解和表达对方的思想的能力——是安全的。文化建设的能力可能因灾难而丧失或削弱，但遗传能力在每一代人中都被安全地锁定在内部，重新出现，新鲜且完整。外行人甚至可能希望，锁定在我们基因中的知识是客观、永恒现实的柏拉图式知识。尽管乔姆斯基的理论有一个柏拉图式的版本（Katz，1985），但它不能与进化观点连贯地结合在一起。这种结合意味着遗传选择作为一个自然的过程，产生了一套对理想形式的非自然环境的适应——普遍语法。鉴于这种不连贯，任何语言专家都不可能接受进化论的观点，但遗传理论的韧性并不仅仅取决于专家的意见。与认知科学中的许多课题不同，语言对“局外人”以及“局内人”都很重要。我们对语言的深刻但并非总是理性的信念可能有助于在面对明显相反的证据的情况下维持遗传理论，或者表明它正变得不受实证检验的影响。

文化解释的支持者试图提出两个非常广泛的论点来反对遗传理论。第一个论点提出了克里斯蒂安森和蔡特（Christiansen and Chater，2016）所说的“语言进化的逻辑问题”，这个提法借鉴了乔姆斯基的“语言习得的逻辑问题”。例如，他们非正式地通过计算机模拟（Chater, Reali and Christiansen，2009）争辩说，普遍语法不可能在基因上进化，因为语言的变化太快了（Gray and

Atkinson，2003）。只要惯例 A 是稳定的，就可能存在有利于学习 A 的基因的选择压力，即遗传同化或“鲍德温效应”（Pinker and Bloom，1990）。然而，随着惯例 A 让位于惯例 B——由于语言社区的创新或语言接触等外部力量——会有针对 A 学习基因的选择，基因进化的普遍语法的开端将被清除。如果因为普遍语法让语言惯例稳定就暗示这一问题不会出现，这实属循环论证。问题是，普遍语法是否会在基因层面固定，因此，回答不能假定普遍语法已经被固定。根据克里斯蒂安森和蔡特的说法，这个问题也不能通过遗传漂变来解释。直观地说，下面的场景是合理的：群体中的随机遗传变异使得成员学习惯例 A 比学习惯例 B 更容易，这种“遗传偏好”导致在语言环境中成员更多地使用 A 而不是 B，而语言环境中的这种偏好造成了偏好 A 的基因选择压力超过了偏好 B 的基因选择压力。虽然直觉上似乎合理，但建模表明，只有在一开始对 A 的遗传偏好就非常强烈的情况下，这种现象才会发生（Chater et al.，2009）。具有强效应的随机变异比具有弱效应的随机变异的可能性小，并且最初具有强遗传偏好的人几乎不需要通过遗传同化来完成工作。

上述内容就是克里斯蒂安森和蔡特的语言进化逻辑问题的框架（2016；Chater and Christiansen，2010）。整体而言，这个论证范围更广、更深，并得到广泛建模的支持。也许，当它变得更加为人所知时，它将对基因解释产生重大影响，但我的预感是，关于在遥远的过去可能发生或不可能发生什么的争论，不太可能被证明是决定性的。如果基因解释抵住了此刻相对明确的数据的损害，那么它不太可能被关于祖先环境中语言变化速率的推论影响。

反对遗传理论的另一种广泛论点，其核心是简约论（Christiansen and Chater，2016；Culicover，1999；Tomasello，1995）。该论点表明本章所回顾的数据使得普遍语法没有必要。与刺激贫乏理论相反，数据显示，领域一般性过程对于语言学习是足够的。因此，许多理论都假定领域一般性过程和普遍语法的角色（Lidz and Gagliardi，2015），即使它们可以与数据一致，都存在不必要的重复。互补论是基因解释的支持者所不能接受的。能力和表现之间的区别——普遍语法和学习某种特定自然语言所需的过程之间的区别——深深植根于基因解释中，以至于它的支持者现在无法主张普遍语法对语言学习来说可能是足够的。

也许简约论最终将被证明是决定性的，但很多人对此仍持强烈的反对意见。我们也许不需要普遍语法，但很多人都需要它。语言学家们希望它能界定自己的职业界限；进化心理学家把它作为认知本能的一个典型案例；也许在某种程度上，我们所有人都认为它是一条将人类与动物王国的其余部分区分开来的分界线。

小结

本章概述了语言演变的基因解释和文化解释，罗列了与语言普遍性、语言发展的关键期、语言的神经定位以及领域一般性序列学习和社会塑造在语言习得中的作用有关的证据。对语言普遍性的讨论表明，所有语言都有一些共同的非定义特征。但是，如果语言普遍性不是作为所有（或许多）语言共有的特征来解释，而是作为普遍语法的组成部分，那么，这就可以与基因解释兼容。关键期的讨论来自移民群体的证据，表明人们使用第二语言的熟练程度取决于接触第二语言的时间，而不取决于是在青春期之前还是之后开始学习。对母语使用者的研究表明，除音韵学外，第一和第二语言的学习者可能熟练程度相当。这些发现表明，语言学习不是一个关键期现象，但关键期的说法并不是语言进化的原始或本质部分。

在观察语言的神经定位时，我们发现，在大脑中，它比其他主要的心理功能的分布更广，而且在非语言任务中，布罗卡区比大脑中担负语言任务的其他区域更活跃。这些数据肯定与有“语言中心”的观点相反，但我们并不清楚为什么人们曾经认为基因遗传的语言信息比文化传承的信息更有可能在大脑的狭窄局部区域被植入。

对领域一般性序列学习研究的回顾强调了与语言进化的文化解释相一致的若干证据来源。计算机模拟表明，序列学习没有内置的语言特定性约束，可以使一个系统以类似人类的方式处理复杂的语法结构。对正常发育的成人和儿童的个体差异的检查的实验表明，他们使用相同的序列学习过程来学习人工的和“真实的”语言语法，而对患有“特定语言障碍”的人的研究表明，他们的障碍实际上与语言无关；他们在跨领域的序列学习上有困难。同样，对非人类动物的研究证实，亚人族动物的领域一般性序列学习能力增加，提供了一个关于灵长类动物大脑中如何实现这种变化的合理模型，并支持来自人类的证据，即 FOXP2 基因的突变通过更普遍地干扰序列学习来干扰语言，这意味着 FOXP2 基因不是“语言基因”。最后，对社会塑造的研究表明，婴儿和儿童在犯语法错误时经常被成年人纠正，并将这种“负输入”用于语言学习。这些发现与序列学习的发现一样，证实了对文化理论的新预测，并且在社会塑造的研究中，挑战了作为基因解释基础的刺激贫乏理论。然而，那些坚决主张将语言能力和语言表现区分开来的人可能会争辩说，所有这些发现都与语言的外化有关，而与是否存在基因遗传的思想语言无关。

当我开始做这一章的调研时，我已经准备好认识到语言是一种认知本能，而不是一种认知工具。我愿意承认，虽然人类的其他独特认知过程是文化进化的产物，但语言确实存在于我们的基因中。事实上，在此基础上我的工作会更容易。但是，就其价值而言，我作为局外人并没有被说服。也许真的有一种遗传的普遍语法，但是，现在看来，不能用认知科学的方法来检验文化进化的选择。我只能说，虽然语言的基因解释有种种吸引力，但其中一些观点超出了科学的范畴，语言的文化解释——曾经是个“穷亲戚”——现在已经得到明确阐释，并且有丰富的实证支持。

第9章

文化进化心理学

我们已经详细研究了四种人类所特有的认知机制：选择性社会学习、模仿、心智解读和语言。在前三个案例的研究中，我认为来自认知科学的证据——包括来自实验心理学和认知神经科学的研究，以及比较、发展和社会心理学——表明，选择性社会学习、模仿和心智解读是认知工具，而不是认知本能。就语言而言，我没有资格判断证据的平衡。然而，即使对外行人来说，很明显，基因观点不再占据它曾经享有的无懈可击的优势地位。

随着我们对案例研究的深入，现在是时候退后一步了，我将重新考虑与认知工具理论有关的更广泛的问题，并审查这一框架对人类认知研究的影响——文化进化心理学的前景。本章的前三节讨论了第2章中介绍的进化问题：认知过程的文化进化中涉及的选择过程和继承机制是什么？它们是否有可能被基因同化？随后的三节再退一步考虑认知工具理论如何与人类进化史联系起来，它对人性有什么暗示，以及心理学和其他学科怎么用它来研究独特的人类认知的起源和功能。

文化群体选择

在第 2 章中，我区分了文化进化的选择论模型与纯粹的群体模型。在所有的群体模型中，T+n 时刻一个群体内类型的频率分布很大程度上取决于它们在 T 时刻的分布。在群体模型的子集选择论模型中，T+n 时刻类型的频率以特定的方式由 T 时刻的分布决定：通过变异、分类和遗传能力的机制，确保在某一阶段有益的类型在下一阶段出现的频率增加，因为它们是有益的（Sterelny，待刊）。

一些文化进化论者关注的是“谷”（行为、技能）而不是“磨”（认知机制），他们认为选择是一种重要的力量，但他们并没有明确地解决选择主义观点涉及的关键问题。具体来说，加利福尼亚学派的一些成员认为，文化特征的适应性，即它们扩散的程度，取决于它们带来的好处，但他们对如下问题并没有明确、一致的表述：（1）谁受益——具有那些特征的个体或群体（例如专家、思想家）或特征本身（例如技能、信念）；（2）利益的性质——特征的设计在什么意义上影响受益人的适应性（Clarke and Heyes，2017；Dennett，2001）。这导致了加利福尼亚学派是否真秉持文化进化的选择论观点并无定论，如果不是，他们的模型是否或在什么意义上解释了文化特征的适应性和精心设计性（Lewens，2015；Sterelny，待刊）？

为了避免类似的不确定性，当我提出人类独特的认知机制是文化进化的产物时，我想尽可能清楚地表达我的想法。我认为它们是由文化群体选择形成的。

想象一下，全部人口分为两个社会群体，“左”和“右”。在这种情况下，社会群体不是由他们所携带的基因定义的，而是由地理和 / 或文化特征（如语言）来定义的。左组的人可能有一个版本的认知机制 M，右组的人可能有另一个版本 M’。这两个群体的人都有其生物学上的后代，生物学上的后代在文化上继承了他们自己版本的焦点认知机制，这是从他们的父母和群体中的其他成员身上通过社会学习发展而来的。因此，出生在人们倾向于拥有认知机制 M 的群体中的孩子更有可能发展出认知机制 M，而出生在人们倾向于拥有认知机制 M’ 的群体中的孩子更有可能发展出认知机制 M’。

现在假设 M’ 在完成某些功能（例如复制身体运动）方面比 M 好，因此 M’ 的承担者往往在达到某个目标（例如，提供食物）时，成功的可能性更大。因此，具有认知机制 M’ 的人比具有 M 的人拥有更多的后代。M’ 组还吸引 M 组的新成员——观察另一组成功的人，选择迁移到其中，用更高级的 M’ 代替他们的 M 机制。M’ 群体因此比 M 群体更具适应性，在 M 群体中，社会群体的适应性可以通过两种方式中的任意一种来理解。M’ 组可能更具适应性，因为它在总人口中占有更大比例的成员（类型 1 适应性，见图 9.1），或者因为它建立了更多的后代群体——继承 M’ 机制的使用的群体（类型 2 适应性）。

两类适应性之间的区别来源于两种“多级选择”之间的区别，称为 MLS1 和 MLS2（Damuth and Heisler，1988；Okasha，2005）。图 9.1

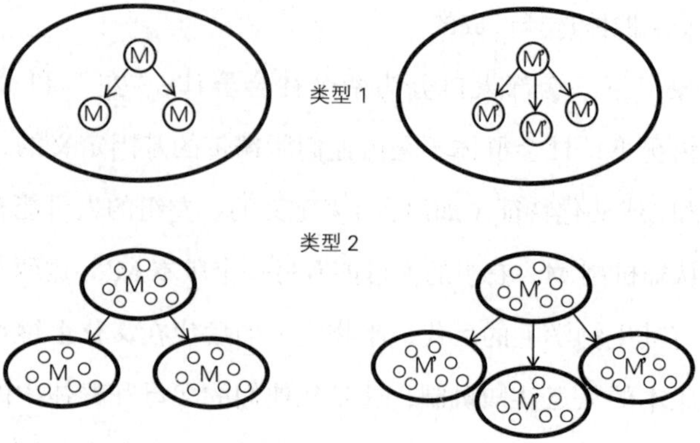

图 9.1　文化群体选择中的两类适应性。

表示两种可能性，上部的一对椭圆代表具有类型 1 适应性的文化群体选择，下部的一组椭圆代表具有类型 2 适应性的文化群体选择。在类型 1 的情况下，M’ 的个体（圈）通常有 3 个 M’ 的生物学后代，而 M 的个体只有 2 个。在类型 2 的情况下，M’ 组（M’ 的个体多于 M）后代像发芽或是裂变一样产生 3 个 M’ 后代组，而 M 组（M 的个体多于 M’）产生 2 个 M 后代组。生物再生产和迁移率会影响其后代的再生产和迁移率，例如，较大的群体可能比较小的群体更容易繁衍。无论哪种方式都有利于 M’ 的选择，这意味着，几代人之后，M’ 的人数相对于 M 的人数增加了，然而，请注意，选择是文化的而不是遗传的，不仅因为认知机制 M 和 M’ 是通过社会学习获得的，还因为社会群体成员影响了个体可能发展的认知机制。

谁受益？当 M’ 相对于 M 增加时，我们可以说机制 M’ 本身是有益的，因为它是竞争的赢家。由于 M’ 帮助个体实现某种目标，其人类承担者也因此受益。他们达到目标，拥有更多的追随者。但也有一种感觉，即社会群体也会受益，因为该群体拥有更多的成员或更多的后代对其是有益的。需要人类学证据来区分这三种可能，确定谁能从认知机制的文化群体选择中受益。

利益的性质是什么？认知机制通过它们对生活条件，包括食物、住所和对掠食者的防御的影响，来调节其持有者的适应能力。生活条件较好的个体很可能拥有更多的存活和繁衍后代的机会（类型 1 适应性），生活条件较好的群体能更好地维系种群发展，这不仅是因为它们的成员更有可能生存和繁殖，还因为这些群体更有可能吸引新成员加入（类型 2 适应性）。拥有更好生活条件的群体的做法也更可能被其他群体效仿，包括促进特定认知机制发展的育儿和仪式活动。因此，提高生活条件也可能促进群体适应性（类型 2 适应性），并增加后代群体，鼓励“群体复制”：由其他群体复制这个群体。

社会和社会认知机制以不同的方式提供更好的生活方式。社会认知机制促进了利用和保护自然资源的策略和技术的发现（例如，因果理解）。社会认知机制既使这些策略和技术能够被他人学习，从而促进“谷”的文化进化（这类社会认知机制被称为文化学习），又使群体成员之间能够合作。例如，面孔识别处理，一个不属于文化学习形式的社会认知过程，可以帮助群体成员追踪谁尽职、谁不尽职，并通过奖励为群体劳动的行为和惩罚偷懒行为实现监督职责。一些社会认知机制，包括模仿、心智解读和语言，通过促进合作和基因遗传使群体受益。

我们可以以模仿举例。在每个人的头脑中都有一种模仿机制，它通过匹配垂直关联将运动序列学习转化为感知序列学习（ASL模型，见第6章）。这种机制的M’版本比M版本有更丰富的全身运动匹配垂直关联的功能，使拥有机制M’的人能够更准确地模仿仪式（例如舞蹈）、狩猎（例如跟踪）和战斗（例如投掷长矛）涉及的动作。因此，机制M’的持有者比机制M的持有者能够更好地在一系列任务中进行合作——精确模仿仪式动作有助于动作的同步，同步则会促进社会联结（Heyes，2013；Tarr et al.，2015；Tunçgdenç and Cohen，2016），并维持技术的文化传承，提高狩猎和群体间战斗的成功率。与M机制占主导地位的群体相比，这些优势可能使M’机制占主导地位的群体获得更多的新成员，或产生更多的后代组。

遗传

所有选择过程都需要强大的遗传机制：保留和传播变异的过程（第2章）。在遗传进化方面，稳健的遗传主要通过DNA复制来实现。文化进化（知识和技能）是通过社会和文化学习实现的。[1]“磨”（即认知机制，包括文化学习机制）的文化进化的遗传机制是怎样的呢？

在认知层面，就个体头脑内部发生的情况而言，遗传机制会发生重叠。例如，显性元认知非常像心智解读，在真正的策略性社会学习的发展中是重要的（见第5章）；语言——符号序列的生成和理解——在心智解读的习得过程中起着至关重要的作用（见第 6 章）。然而，认知之“磨”的传承也涉及群体层面或社会过程——在人与人之间发生的事情，而不是在个人头脑中发生的事情，如谈话、讲故事、轮流发言、集体回忆、教学、演示和同步练习。所有这些社会过程（毫无疑问还有更多）塑造了认知机制的发展。通过对话、教学和示范，孩子们学会以和周围人相同的方式来运用元认知社会学习策略（见第 5 章）。通过面对面的互动和同步的练习，孩子们可以获得一系列特定的垂直关联，他们能够模仿与他们的文化父母相同范围的动作（见第 6 章）。通过对话、讲故事和集体回忆，孩子们可以展现各种心理状态，并累积关于心理状态与其他人、行为和世界发生联系的方式的大量概括性资料（见第 7 章；Salmon and Reese，2016；Nile and Van Bergen，2015）。

需要展开全新的研究，以衡量这些遗传机制的稳健性，以及独特的人类认知机制通过社会过程从一个文化世代传递到另一个文化世代的保真度。在这样的研究之前，有三个参考因素表明它们足够稳健，足以支持文化群体对认知过程的选择。首先，只要父母的特征和他们的后代是相关的，选择就可以起作用。DNA 支持的高保真度复制不是达尔文选择的必要条件（Godfrey-Smith，2012）。其次，分布式传承，至少可能是典型的社会认知机制（见第 2 章），比通过一条途径发生的传承——纵向、斜向或横向——具有更好的稳健性。当传承是分布式的时候，如果一条路线被封锁——例如父母死亡（纵向）、儿童疾病（斜向）或内向（横向）——其他途径可以予以补偿。最后，第 5~8 章的案例研究表明，一系列社会过程可以促进每种认知机制的文化传承，提供备份来源。模仿机制是通过成人模仿儿童、照镜子、参与同步训练和获得等同经验构建的（Heyes and Ray，2000）。同样，心智解读也是通过谈话、讲故事和集体回忆建立起来的。最后，每个社会过程重复发生。孩子们被告知故事不是一次而是多次；不同的故事包含相同的主题、道德和倾向；成年人在与婴儿面对面的互动中一遍又一遍地模仿同样的面部表情；集体回忆反复回到同一段经历。因此，儿童有很多学习的体验，有多种方法来收集和巩固相同的信息。

纸质阅读的例子清楚地表明，当社会过程被设计成这样做时，社会过程可以支持认知机制的稳健的文化传承（见第 1 章和第 7 章）。在文明社会中，基于阅读的认知机制通过认知工程在每一代人中可靠地重建——为了提供足够的信息，给儿童图画书提供易于阅读的文字——并由家长和教师进行正式的指导。这不是偶然发生的，也不是盲目选择的结果。识字培训旨在教儿童识字，它是由教育工作者设计的。相比之下，据我所知，在任何文化中，不是所有的儿童都被故意训练使用元认知社会学习策略，去模仿、理解他人的行为或使用语言。因此，我们不能从识字训练的成功推断其他认知机制得到了忠实传承。然而，识字与其他独特的人类认知机制之间的这种非类比性确实有一些有趣的含义。

首先，这种非类比性意味着，目前，除了识字和计算能力之外，还有许多其他的人类认知机制将其适应性特征归因于选择，而不是设计。“谷”和“磨”都是适应性的，或者具有适应性特征，如果它们运转良好的话。如果一种捕鱼技术（“谷”）可以产生丰富的渔获，那么它就是有适应性的；一种心智解读机制（“磨”）的适应性可使其对行为做出准确预测。原则上，行为和结果都具备适应性，因为它们可以被以下因素重塑：（1）遗传选择；（2）智能设计；（3）文化选择（Heyes，待刊）。在这种情况下，智能设计将涉及一个或多个人使用“实用智能”（Godfrey-Smith，2012）或因果理解，以设计一种有效的方法来捕鱼，或促进儿童发展高效的心智解读机制。通常很难弄清楚一个特质的适应性特征是源自智能设计还是文化选择，即上述条目（2）或（3）。一项特殊的捕鱼技术可能是一个选择过程的结果，在这个过程中，无效元素被剔除，有效元素被保留下来，不需要人仔细考虑为什么有些部分有效而另一些无效。但对于大多数捕鱼技术而言，人们对它们的历史知之甚少，而且人们很容易比较它们在渔获上的效率，至少同样合理的是，这种技术是通过智能设计实现的——通过一次洞察或通过连续几轮精心的试验。这个问题并不会困扰“磨”的文化进化。除了少数当代工业化社会的例外，包括识字和算术，我们可以确信，认知机制的适应性特征不是由智能设计造成的。例如，任何聪明人或设计委员会都不曾预料到，自我观察、被模仿、照镜子和（或）进行同步演练将有利于开发有意义的模仿机制。

识字与其他独特的人类认知机制之间的非类比性也意味着，在未来，其他认知机制的文化传承可以通过正规教育得到加强。也许可以设计培训方案——供看护者、学校或刑事司法系统使用——提高认知技能，例如整个社会或特定群体中的选择性社会学习、模仿和心智解读。在这些情况下，有了识字和算术，文化选择可以通过智能设计来增强。

遗传同化

许多认知机制，如模仿和心智解读，不仅能很好地完成自己的工作，还有可能提高生殖能力，从而增加认知机制拥有者的后代数量。这导致一些研究人员认为，即使新的认知机制是在文化浸透的环境中学习产生的，它们以后也会在基因水平上被同化。换句话说，它们可能开始作为认知工具，通过社会互动的发展过程构建，但随后的选择将逐步有利于基因突变，减少认知工具对经验的依赖性，将其转化为认知本能（Henrich，2015）。

正如我在第 4 章中所述，并在第 5~8 章中所证明的，我认为遗传同化假说与认知科学的证据不一致。证据一次又一次地表明了刺激的丰富而不是贫乏：独特的人类认知机制的发展与学习机会之间存在着协变（见第 2 章）。原则上，这种协变并不排除遗传进化加快了相关学习过程的可能性。然而，我一直未能找到这种遗传同化发生的积极证据——举例来说，有证据表明，学习在自然条件下比在非自然条件下发展得更快，或者同卵双生子比异卵双生子更相似。事实上，在寻求遗传影响的积极证据的案例中，证据指向了相反的方向。例如，人们将身体运动与非自然刺激联系起来的速度并不慢，我们的祖先不会遇到那些事件，以及同卵双生子的模仿能力并不比异卵双生子更相似（McEwen et al.,

2007；详见第 6 章）。所以，目前的证据表明，我们的认知工具没有经历遗传同化。但如果这是真的，理由何在?

有很多有潜力的答案。认知工具没有经历遗传同化，可能是因为它们是局部的，但不是全局最优的，或者遗传同化被阻碍，或者缺乏适当的遗传变异（West-Eberhard，2003；2005）。但我的猜测是，最重要的因素是环境变化的速度。独特的人类认知机制需要灵活，能够改变的速度比遗传进化所允许的要快，因为它们的工作是追踪环境的特定的、基本的特征。例如，社会学习策略追踪特定社会群体中的“谁知道”，这种情况随着分工模式的变化而变化，因此也随着专业知识的变化而变化。模仿通过新的群体标记、结合仪式和技术的文化进化，追踪交际姿态、仪式动作和随着群体发现而变化的手工技能。与语言一样，心智解读不仅要追踪它试图描述的现象中外部驱动的变化——例如，行为实际上受社会角色和情境而非信念和欲望控制的经济和政治驱动的波动——还要追踪自我产生的变化。因为它具有调节功能和预测功能（McGeer，2007），心智解读的变化可以改变它们的解释目标——心智实际工作的方式。[2]

简而言之，与众不同的人类认知机制正在追踪那些对于遗传进化来说移动得太快的目标。在一个稳定的阶段，“同化等位基因”——减少认知工具发展的经验依赖性的基因——的发生频率可能会增加。但是当环境发生变化时，同化等位基因的选择就会发生变化，因为它们的携带者适应新环境的速度将会变慢（Chater et al.，2009）。让我们以模仿为例再次说明，只要群体成员结合仪式和技术的姿态标记保持不变，享有特权并加速学习特定匹配垂直关联的等位基因就可能成为积极选择的目标。例如，那些更容易将匹配的躯干运动（例如，你向前倾，我向前倾）与互补的躯干运动（你向前倾，我向后倾）联系起来的人，可能比那些以相同的速度学习匹配和互补的躯干运动的人具有更高的繁殖适合度。但是，当惯例或技术发生变化时，那些同化等位基因会阻碍模仿机制的发展，而现在更有意义的是一系列匹配垂直关联。那些曾经如此强大的社会经营者，当他们应该退位让贤的时候，如果贪恋权力，就会失去社会资本。这类问题是可以避免的，如果突变产生了一种普遍的模仿机制，就像梅尔特佐夫和摩尔（Meltzoff and Moore，1997）假设的认知本能一样，它可以模仿任何身体运动的外在特征。然而，这将是遗传进化，而不是遗传同化，并且，鉴于没有人研究出这种机制如何运作（见第 6 章），就像车轮（Dennett，1984），它位于可用的遗传变异范围之外。[3]

与认知工具相比，启动装备（见第 3 章）的组成部分已经成熟，可以用于遗传同化，因为尽管人类社会环境发生了迅速且彻底的变化，但他们做的非特定工作仍然值得坚持。社会的宽容和激励促进了合作的发展，无论人们是在一起移动岩石还是设计火箭。密切关注人脸和声音打开了一扇通向他人信息的闸门，高强度的关联性学习和执行功能改善了一系列社会和非社会问题。增加社会来源信息的供给，提高跨领域解决问题的效率，以改变认知机制，这些都是遗传同化的良好目标，因为只要发展环境中包含知识渊博的人和需要解决的棘手问题，这些机制就可以保持适应性。但是，改变认知机制使人类的发展适应文化浸透环境的特定特征成为遗传同化的不良目标，因为这些特征只有在发生变化时，才会保持适应性。

一段小历史

现在我们从认知工具理论本身——它所说的关于文化群体选择、传承机制和遗传同化——转向该理论更广泛的含义，在第 1 章中，我介绍了人类进化的叙事和外力理论之间的区别。认知工具假说是一种外力理论，它关注的是涉及人类进化的过程，而非涉及事件的历史的过程。理想的理论在历史和外力维度上都是综合的——它将用年代学作为外力的证据，用外力来解释年代学。因此，利用考古记录，将认知工具理论与人类进化中的关键事件联系起来，是未来研究的趋势。在本节中，我将沿着这个方向开始讨论。我不是考古学家，所以我用了一种宽泛的写法，但我希望能给人一种认知工具理论被专家用来解读考古记录的感觉。

在大约 320 万年前，人类开始使用简单的石器。更复杂的阿舍利工具（Acheulian tools，以手斧为代表）出现在约 170 万年前。在 25 万年前出现了带有柄和类似刀刃的工具的一些早期迹象。因此，考古记录表明，在 300 万年的时间里，人类的技术及生活方式变化相对较小。后来发生了一件大事，直到最近，人们才接受这样的观点：智人经历了复杂性认知的跃迁，成为“行为上的现代人”。这发生在 5 万年前至 4 万年前，而这场“旧石器时代革命”是由基因改变驱动的（Mellars，1989；2005；Mellars and Stringer，1989）。在过去的20年中，这种观点被一些迹象破坏，即复杂性认知并非灵光乍现（McBrearty and Brooks，2000），而是反复“闪烁”。从10万～20万年前到4万年前，复杂性认知的各种迹象——例如，贸易网络扩大的证据、弓箭技术、珠宝和装饰品——在非洲不同的地区出现，然后消失。这些新的信息使得向行为现代化的转变看起来不像一场革命，但要想解释清楚仍然是一个巨大的挑战（Sterelny，待刊）。

双重继承理论者为这一挑战提出了一个有影响力的建议，即“分布式认知”或“集体智慧”假说（Henrich，2004；2015；Muthukrishna and Henrich，2016；Richerson and Boyd，2013）。这个假说指出，行为现代性的出现是由于气候驱动的人口变化，它使基因-文化协同进化得以实现。以前，作为其基因禀赋的一部分，人类个体（至少是海德堡人的后裔）具有文化进化所必需的心理能力，但是“谷”（知识和技能）的适应性创新并没有出现，在代际沿续，或者得到改善，原因是社会群体太小，彼此之间联系薄弱。早期的人类满足了文化进化的内源性要求，他们足够聪明，但他们不满足外源性要求，他们中没有足够的人经常保持联系。在规模小的、联系弱的群体中，产生和传递适应性创新的可能性较小，这是因为小群体的经济状况通常会阻碍专业化进程的发展。他们不允许一部分人成为可能提出有用的新技术的专家，例如，在工具制造或使用药草方面的专家。这样一来，任何新技术都不太可能被传承，因为，当只有少数人知道某件事情（例如，如何打结）时，可供学习的潜在榜样就很少。因此，由于榜样的死亡或不可接近，新手缺乏观察技能的机会，很可能导致技能的灭绝（Sterelny，待刊）。然而，根据集体智慧假说，大约 25 万年前，人类开始生活在更广阔、联系更方便的觅食带，文化进化开始发挥其魔力，但由于区域性和全球性的扰动迫使社会群体分散，文化进化时断时续。

一些模型和人种学证据证明，正如集体智慧假说提出的，向行为现代性的转变是由启动文化进化的人口变化驱动的。例如，大洋洲各岛的人口规模与技术复杂性之间存在正相关关系（Kline and Boyd，2010）。然而，本书中回顾的科学证据对人口变化对人类头脑的影响提出了不同的观点。集体智慧假说意味着它并没有改变人脑的运作方式，只是改变了人脑所包含的内容。随着群体规模的扩大，人们的头脑中充满了通过文化传承而获得的“谷”——知识与技能。相比之下，文化进化心理学的观点表明，人口变化也启动了“磨”——广而专的、独特的人类认知机制——的文化进化。基因启动装备（见第 3 章）的具体而常规的组件已经就位，并在数百万年来一直支持合作和简单的石器制造技术。人口结构的变化使得文化群体选择开始将具体而常规的组件精细化为我们现在所确定的机制，例如因果关系、情景记忆、模仿、心智理论和成熟的语言。正如考古学家长期怀疑的那样，行为现代性的发展涉及重大的认知升级。然而，变化的主要场所在于人们的思维方式，而不是他们的思想，而变化主要是由文化进化而不是遗传进化产生的。

人性

什么是人性？现在许多科学哲学家认为这是一个糟糕的问题，人性的概念是有缺陷的、过时的（Lewens and Hannon，待刊；Hull，1986；Lewens，2012）。如果一个人认为人类与自然界中的其他事物有根本的不同，也许是由上帝特别创造的，那么寻找清晰的边界就是有意义的——是成为人的必要和充分条件。但是，批评者认为，我们现在知道，人类是进化的产物，不是自然的物种，而是沿着时间的轨迹发展的生物谱系的一部分。我们有独特的可观察的特征，例如，我们是赤裸身体的猿类，但我们并没有存在于我们身上而别的动物都没有的、造就了我们的内在属性。包括我在内的其他研究者认为，人性概念仍有一些价值，即它有助于界定科学项目——例如，进化心理学的目的——并作为哲学家和科学家在学术界和公共生活中交流的一种方式，他们的工作暗示了人类行为的显著特征、起源和灵活性。

最近提出的两个理论，马切利的“法理说明”理论（Machery，2008；待刊）和塞缪尔斯的“因果本质主义”理论（Samuels，2012），旨在帮助人性概念实现这些功能。法理说明理论认为，人性是人类由于物种进化而倾向于拥有的一组属性，这些属性是人类物种进化的结果。它结合了“普遍性建议”，即属于人性的特征必须是人类的典型特征；以及“进化建议”，即它们必须是遗传进化的产物（Machery，待刊）。相比之下，因果本质主义理论认为，人性是一套机制，是物种典型认知和行为规律的表现的基础（Samuels，2012）。

这两种理论都回避了批评者对人性看法的主要反对意见，将其与人类的典型特征联系起来，而不是成为人的严格的充分必要特征。法理说明的独特优势在于它将进化置于前景之中，因此与人类科学中的许多项目立即兼容，包括社会生物学、人类行为生态学和高教会派进化心理学。但法理说明理论也有两个弱点。首先，它允许我们拥有的所有的特征——形态、生理、行为和认知特征——都成为人性的一部分。因此，该理论有可能将人性变成一个冗长而乏味的特征列表，而这些特征可以被火星人当作“野外指南”来将人类从地球生物中识别出来，但没有区分重要特征和琐碎特征（Lewens，2015）。其次，法理说明理论似乎对进化论采取了狭隘而过时的观点。它包含了通过选择作用于 DNA 序列而形成的人类特征，而不是文化进化或表观遗传学（Lewens，2015；Laland and Brown，待刊; Richerson，待刊）。因果本质主义理论具有优势和劣势互补的特点，它并没有把广义的或狭义的进化置于前景中，但因果本质主义的解释确实用了一定数量的属性来识别人性，大多数人，包括哲学家和进化心理学家在内，都会认为这些属性是重要的——具有潜在的因果机制，这些机制产生了可观察的行为。

本书所调查的证据表明，法理说明理论和因果本质主义理论的混合体——“进化因果本质主义”——可以结合它们的优势并克服它们的弱点，使人性概念能够更准确地捕捉科学家迄今为止所发现的东西，以及他们计划在未来进行的调查（Heyes，待刊，b）。这种混合论认为，人性是一套机制，构成了物种表现的基础——典型的认知和行为规律，人类往往具备这种规律，这是物种进化的结果。从本质上讲，它认为进化包括所有基于选择的进化过程——遗传进化、表观遗传进化和文化进化。

进化因果本质主义从前辈理论那里继承了一些重要的资产。就像法理说明理论的观点一样，它是进化论的观点，但它并没有犯进化论者在较早的人性理论中发现的本质主义错误（Hull，1986）。例如，它没有给出作为人的必要和充分条件，或者暗示人性是规范性的或固定的。同样，进化因果本质主义，与因果本质主义一样，保留了人性的因果解释功能。继亚里士多德、洛克和休谟之后，它将人性的组成部分作为潜在的或隐藏的实体来解释人类与其他生物之间的明显差异（Samuels，2012）。进化因果本质主义也逃避了因果本质主义遇到的一些问题。例如，法理说明理论被指责为过度自由主义，因为它允许锡克教和滑雪术成为人性的组成部分（Lewens，2015）。相比之下，进化因果本质主义，和单纯的因果本质主义一样，不会承认锡克教和滑雪术，不管它们变得多么普遍，因为它们是一系列明显的特征（行为、信念、价值观），而不是认知科学所研究的那种生成机制。

对法理说明理论的一个更严重的指控是，它做出了一个武断的假设，即一个特征如果是人类遗传进化的产物，就可以成为人性的一个组成部分，但如果它是文化进化的结果，则不会这样（Laland and Brown，待刊；Lewens，2015；Richerson，待刊）。进化因果本质主义通过规定“人类的进化”包含所有基于选择的进化过程——遗传、表观遗传和文化——来克服这个问题。本书回顾的证据为这种概念化人类进化的方式提供了强有力的动力。以前的研究表明，许多明显的人类行为是由文化进化形成的，但这里回顾的证据表明，产生这些行为的认知机制也是对文化变异进行选择的产物。文化进化——从强烈的选择意义上来说（见第 2 章）——产生了人类独特性的隐藏原因，而不仅仅是表面表现。

进化因果本质主义观点最重要的含义是人性的不稳定，它改变了历史，而不是地质、时间。识字的最初迹象可以追溯到大约 6000 年前，现在让人们能够阅读的认知工具存在于 80% ~ 90% 的人类中。它们是潜在的行为机制，是人类的典型特征，因此也是人性的一部分。从这个意义上说，读写能力以及许多其他方面的能力，包括一般读写能力，以及一些特定版本的读写能力（例如，阿拉伯文）都取得了巨大的成功，但任何规模的成功都可能是罕见的。很可能大量“启动”认知过程在一个小群体内只能维持很短的时间，然后在它们成为物种的典型认知之前就消失了。一些认知变异将无法传播，或者已经灭绝，因为它们只具有局部的适应性。几乎可以肯定，中世纪行会的许多技能认知机制都是如此，例如皮鞋定制和蜡烛制作（见第 1 章）。其他认知变体可能具有全球传播的潜力，却因为它们所在的群体被战争或流行病摧毁而消亡。例如，也许那种使人类能够在成年后迅速学习多种语言（Evans, 2013），以非常精确的方式记忆事件，或者比任何当前的心智理论更有效地预测行为的认知机制，曾在特定的时间在特定的地方蓬勃发展，然后因为冲突或不幸的影响而消失了。

已经成为人性的一部分的认知机制也不能幸免。认知本能理论认为，相对于灾难来说人性是坚不可摧的。在一个人口被大量屠杀的孤立群体中，文化会消失，该群体将丧失一些知识和技能。然而，伴随每一次出生，都会有一个新的孩子具备广而专的认知本能，准备创新并向他人学习现存的知识和技能。相比之下，认知工具的观点意味着认知的“谷”和“磨”都会丢失。在一个弱小的、受创伤的群体中，儿童不太可能发展出广而专的认知机制，如因果理解、情景记忆、记忆和心智解读。他们的基因启动装备（见第 3 章）——社会宽容、社会动机、超负荷关联性学习和执行控制——将使他们处于比黑猩猩更高的地位，从而保留认知的“谷”和“磨”，但并不能保证一定如此。文化进化的能力以及文化进化的产物都可能丧失。

至少可以说，这是一个发人深省的想法，但认知工具对人性的看法也有积极的一面。高教会派进化心理学对认知本能的观点以“现代的头颅装着石器时代的大脑”而闻名（Cosmides and Tooby，1997），换句话说，我们处理当代生活的认知过程是通过遗传进化形成的，以满足一小群游牧民族的需求，他们将大部分精力用于挖掘植物和狩猎动物。相反，文化进化心理学，即认知工具理论，则认为人类独特的认知机制是脚步轻盈的，它们不断变化以满足新的社会和物理环境的需求。如果这是正确的，我们不必担心我们的头脑会因为远离狩猎-采集社会的生活条件而脱节。从认知工具理论的角度来看，新技术——社交媒体、机器人、虚拟现实——不是消耗过时的头脑，而仅仅是为人类心智进一步的文化进化提供刺激。

文化进化心理学

认知工具理论开辟了“第三条道路”。这表明人类的认知机制具有一定的适应性，因为它主要是由文化进化形成的，而不是由遗传进化或智能设计形成的。这是一个大胆的、可检验的假设。我在本书中试图使假设清楚、合理，但此事目前尚无定论。我需要做更多的工作来检验认知工具理论，并通过文化进化心理学的视角，更深入地理解人类心智的起源和运作特征。

在案例研究考察的认知机制中，选择性社会学习为专门的实证研究提供了机会。例如，有大量证据表明，儿童从小就表现出选择性社会学习行为。为了检验认知工具理论，我们需要一些实验来告诉我们选择性何时开始成为一种元认知——一种不可能由领域一般性和分类一般性的注意机制产生的机制。我们还需要弄清楚元认知社会学习策略的内容和发展时间表——在文化内部和文化之间——的变异是否代表刺激的丰富或贫乏。它是否不仅与孩子们关于“谁知道”的一手经验相关，而且与他们向他人学习何时依赖社会学习以及信任谁的机会有关。

除了案例研究之外，还有许多其他独特的人类认知机制需要探索。本书重点介绍了四种文化学习：选择性社会学习、模仿、心智解读和语言。第五种类型，规范性或道德性思维，进行类似分析的时机也已经成熟，分析资料包括来自儿童、成人和非人类动物的行为学和神经生理学数据。推断“我们和其他人应该做什么和想什么”的能力，不仅促进了合作，而且鼓励高保真度的文化传承。文化进化在塑造我们的这种能力方面发挥了什么作用？鉴于本书所述的证据，其他类型的文化学习是认知工具，人们可能会认为，正常状态下的文化学习也是如此。然而，这个问题对于社会认知机制（如面部处理）更开放，似乎并不专门针对文化传承。毫无疑问，来自社会的输入——许多面孔的视觉——对于面部处理的发展是必要的，但我们似乎不大可能向别人学习如何识别面孔。也许其他人在面孔识别的发展过程中扮演的角色和葡萄酒在葡萄酒识别的发展过程中扮演的角色一样；他们的面孔必须被看到，但他们没有教会我们如何去做，也没有告诉我们应该如何去做。非社会的或领域一般性认知机制，如因果理解、情景记忆和推理呢？我看到的迹象表明，这些能力中的每一个都是一个认知工具，表明它依赖于通过社会互动在发展过程中构建的认知机制，但这些仅仅是推测。我们需要对现有数据进行全面、广泛的分析，并进行专门的实验，以测试每一个独特的人类认知机制到底算不算认知工具。

展望未来，在认知工具理论框架内，认知和情感之间的关联有着令人兴奋的前景。巴雷特的建构情感理论（Barrett，2017）为社会互动在塑造人类情感中的应用提供了有力的证据。这种理论和其他类似理论（Greenwood，2015）能否从文化进化角度加以完善？有没有感情上的认知工具？我们是否可以通过在文化上研究它，从而更深入地认识独特的人类情感？考虑到规范性思维与诸如羞耻和内疚等独特的人类情感之间的密切关系，道德很可能是探究这些问题的肥沃土壤。

文化进化心理学的优点之一，就是它能使人们对各种认知机制如何随着时间的推移而组成一体的问题产生关注，并使这些问题变得合理。独特的人类认知机制是复杂的、适应性的和可改进的机器，而不是从出现起就完备的实体。因此，无论是把它们作为认知本能或认知工具，对其起源的解释都将包括对其建构过程的说明。例如，哪些“旧零件”已被纳入设计，它们如何与新零件相互关联，零件的组装顺序，以及什么样的环境投入驱动了建筑过程（见第 6 章）。这些都是重要的问题，无论建构发生在系统发育还是个体发育的时间尺度上，发生在久远的过去或是在有生之年，这些问题很少被先天主义者解决。进化心理学家倾向于认为，如果某件事是认知本能，那么解释它是如何形成的是其他学科的责任，也许是遗传学或古考古学，但不是认知科学（Samuels，2004）。实际上，文化进化心理学鼓励认知科学家和其他人开发和测试关于认知工具如何随着时间的推移组合到一起的理论。此外，由于文化进化比遗传进化更快，而且许多建构过程都发生在一个人的有生之年，因此，认知工具理论使得关于建构的问题在经验上易于处理。我们可以与历史学家、人类学家合作，通过研究当代人群和历史人群，以及对我们来说只有考古证据的人群来解决这些问题。我们不需要猜测在遥远的更新世，认知机制是如何由遗传进化整合在一起的。通过实验研究，我们可以看到它们正在活生生的人体内被建构。

文化进化心理学不仅对独特的人类认知机制及其与人类情感的关系提出了新的问题，而且提示我们在探究人类心智起源时需要应用新的证据标准。如果认知机制的适应性不仅可以归因于遗传进化和智能设计，还可以归因于文化选择，那么，当一种机制是适应性的，或者很难想象它是如何被学习的（智能设计），仅仅是这个事实并不足以证明该机制是由遗传进化塑造的。要确信一种机制是一种认知本能，我们需要遗传参与的正面证据。例如，我们需要证明，同卵双生子比异卵双生子更相似，其机制在非自然情境下很难获得，或者获得过程不符合领域一般性学习原则。“它在我们的基因中”不能作为默认解释。

小结

本书介绍的理论框架——文化进化心理学，结合了进化心理学和文化进化论的长处，回答了这样一个问题：是什么让我们人类成为如此独特的动物？和鼎盛时的进化心理学一样，文化进化心理学将其视为一个关于心智的问题，它借鉴了认知科学，而不是民间心理学，以获取关于心智如何工作的信息。和文化进化论一样，文化进化心理学也认可这样一个事实，即人类的表型不仅受遗传和学习的影响，还由文化进化塑造。然而，与前辈理论不同的是，文化进化心理学在社会认知神经科学和其他广阔领域发现了证据，即文化进化的影响并不局限于人类思想的“谷”，它也塑造了“磨”（认知机制）。独特的人类认知过程是文化群体选择的产物。它们不是认知本能，而是认知工具。

注 释

导 论

[1] 《牛津英语词典》把“工具”（gadget）一词定义为“一个相对较小的配件、装置或机械”。我选择“工具”一词作为本书主题的主要原因是它听上去与“本能”（instinct）一词类似（也是两个元音），但所代表的意思却完全不同。本能是存在于基因中的，而工具是“装置”——通过人类行为组装而成的。而且，我也认同认知工具是“相对较小的配件”这一暗喻；它们无时无刻不在与系统论中那些古老的认知机制紧密而持续地进行着相互作用，而那些古老的认知机制——我们人类与其他动物共享的认知机制——很大程度上控制了我们的行为。然而，我并不认为认知工具是智能设计的产品（人们有意生产它们），我也不认为这些认知工具的“小”代表不重要。独特的人类认知机制是强大的，且对我们独特的生活方式具有至关重要的作用。

第 2 章　与生俱来、后天养育和文化影响

[1] 在分辨对发展的重要贡献是多还是少方面，存在语义论并不是唯一能提供有潜力信息的理论（Griffiths et al.,2015;Woodward,2010）。因此，文化进化心理学的合理性并不特别依赖存在语义论的说服力。

[2] 有些版本的存在语义论观点允许如詹妮弗·安妮斯顿神经元代表詹妮弗·安妮斯顿的说法，但前提是它们的反馈属性是通过一个因支持面孔识别而被自然选择保留的学习机制获得的（Millikan，1984），又或者是这个学习机制本身就是一个选择的过程（Papineau，1987）。虽然

这些改进使詹妮弗·安妮斯顿的故事更复杂，但它保留了存在语义论的基本原则，即表征内容取决于选择。

[3] 鸵鸟的胼胝很可能是通过遗传同化被编码进入鸵鸟的基因组的，现代鸵鸟的早期祖先则只是通过磨损，逐渐形成了胼胝。这些胼胝组织是功能性的——保护鸵鸟的身体不受伤害。因此，加快因磨损而产生胼胝的速率的基因突变的选择是存在的。在种群中，携带有这些“加速器”基因的成员繁殖中逐渐优于缺乏这些基因的成员，直到磨损在胼胝的发育进程中不再是必需条件。遗传同化并不等同于拉马克遗传（Pocheville and Danchin，2017）。

[4] 在最近的评述中，生物学家对加利福尼亚学派是否真正为文化进化提供了选择论方面的分析提出了质疑，但毫无疑问，加利福尼亚学派的学者的确经常使用选择这类表达（Heyes，待刊; Lewens，2015；Sterelny，2017）。

[5] 加利福尼亚学派的文化进化论者有时会谈及“思想”或“信念”的进化。然而，他们的模型通常是将每一个“信念”都与某一种行为联系在一起——例如，拥有一个小家庭是好的是一种“信念”，但这一信念属于且只属于那些小家庭的人——从而使得每一个“信念”在功能上与行为变化的模型等同起来。

第 3 章　启动装备

[1] 感谢尤塔·弗里斯给我提示并介绍了这个词。

[2] 这张认知发展的示意图和凯里（Carey，2009）以及卡米洛夫-史密斯（Karmiloff-Smith，1995）提出非连续性变化时的图一样。新的思维方式是通过社会互动在发展过程中建构而成的。然而，由于我关注的是人类文化进化的能力，因此我更加关注社会认知的发展，而我的启动装备比凯里、斯皮尔克（Spelke and Kinzler，2007）以及拜拉尔金（Baillargeon, Scott and He，2010）提出的“核心知识”更精简。例如，我对我们从基因方面继承了一个“榜样”的概念保持怀疑态度，我更相信关联性学习是认知发展的动力之一。这些观念上的差异源于我们对那些报道婴儿具有模仿行为（见第 6 章）并能够表现错误信念（见第 7 章）的研究持不同理解，及在这些研究中所传达的不同信息。

[3] 凯里（Carey，2009）提出，注视提示不可能缘于“在注视转移与有趣的事物之间形成的习得关联”，这是因为婴儿与无脸机器人——一个没有面孔，也因此没有“注视”行为的物件——一样更可能转向相

同的方向，前提是这个机器人在近期对婴儿的行为做出过偶然性反应（Johnson, Slaughter and Carey，1998）。然而，这个有趣的研究结果也可以这样理解：（1）该研究确认了并不是所有的动作提示都是注视提示；（2）该研究表明当动作提示来自婴儿喜欢的并且可能更密切关注的物品时，动作提示更为有效，这是因为该物品在近期对婴儿的动作做出了偶然性反应。

[4] 质疑这一观点的几项最佳研究之一是母亲在与婴儿交谈时会过度发音，但在与宠物猫或其他成人交谈时不会以这种方式发音（Burnham, Kitamura and Voller-Conna，2002）。然而，与母性语言仅仅是声调高、感情丰富的理论一致的是，这项研究也发现，母亲对婴儿说话时比对猫说话时，声音中的情感标记物要更多。

[5] 批评者质疑双重过程的理论依据，并指出了市场上不同的双重过程模型之间存在的不一致性（Kruglanski and Gigerenzer，2011）。埃文斯和斯坦诺维奇（Evans and Stanovich，2013）就这些质疑进行了有力的辩护。

[6] 有些说法提出，词汇学习涉及专门的过程，但即使这些对认知本能的论述也允许并承认关联性学习在其中发挥的主要作用（Bloom，2000；Kuhl，2007）。

[7] 近期神经解剖学研究的成果挑战了传统观点，即在灵长类动物进化过程中，前额叶的扩张比例是不均衡的（Barton and Venditti，2013；Gabi et al.，2016）。例如，加比和他的同事发现，在人类以及其他七种灵长类动物中，前额叶中的皮质神经元数量占所有皮质神经元数量的 8%。因此，他们提出，人类认知的复杂性与我们前额叶不相称的尺寸无关，而与这样一个事实有关：在绝对数量上，人类的前额叶包含了比其他灵长类动物的前额叶更多的神经元。这一关于大脑进化的观点，尽管还没有完全确立，却与本书提出的认知进化的观点相一致。这些观点都表明，与我们的灵长类祖先相比，人类有“更多的相同之处”。

第 4 章　文化学习

[1] “长期”一词作为对在学习与感知之间没有明显界限这一观点的认同被涵盖于对学习行为的定义中，但学习的影响往往更持久。

第 5 章　选择性社会学习

[1] 换言之，元认知社会学习策略可能会促进心理学家常说的“过度模

仿”或“过度复制”——复制学习对象的行为中不相关或看似不相关的细节（见第 6 章；Lyons, Young and Keil，2007；Whiten, McGuigan, Marshall-Pescini and Hopper，2009）。

[2] 非人类动物在单独执行任务时会使用典型的元认知的证据（Beran, Smith and Perdue，2013；Beran et al.，2015）尽管存有争议（Kepecs and Mainen，2012；Shea et al.，2014），但提出了某些动物也使用元认知社会学习策略的可能性。然而，厨师式的社会学习方式的优势是由多个榜样所具备的经验共同建构而成的。因此，非人类动物要获得元认知社会学习策略的诸多优势，不仅要能代表“谁知道”，还需要将这些知识传达给其他人。不通过语言实现这一点并不是不可想象的，但也不太可能达到任何有意义的规模，而且从某种程度上说，语言的产生和应用能够使关于“谁知道”这个问题的智慧随着时间的推移而逐渐积累。

第 6 章　模 仿

[1] 感谢吕卡兰 · 吉拉迪奥（1992 年前后），正是此人提出了美丽的兰博基尼比喻。

[2] 这就是“模仿”一词现在在认知科学中最常用的方式。然而，令人困惑的是，它有时被用作各种社会学习或行为复制的通用术语。

[3] 关于共享意向的讨论指的是“鸟眼”、“第三人称”和“透视”的行为表征（Tomasello, Carpenter, Call, Behne and Moll，2005；Tomasello and Moll，2010）。如果这些术语被看作解决对应问题的方式，那么对共享意向的讨论往往是解决这个问题的黑匣子，类似多模态匹配模型所提出的问题。和“跨模式表征”一样，“透视表征”这类术语表达了我们的信心，即我们头脑中的某些东西能够将“看到但没有感觉到”转化为“感觉到但没有看到”，但它们没有告诉我们这是如何完成的。

第 7 章　心智解读

[1] 作为一个集体主义解释，认知工具的观点与社会建构主义者对心智解读的解释有很多共同之处（Carpendale and Lewis，2004）。然而，与许多社会建构主义者不同，认知工具观点认为，涉及心智解读发展的过程是普遍理性的，并且产生了关于心智的概念知识。

[2] 一项有趣的随访研究发现，在索斯盖特、千住和西斯布拉（Southgate,

Senju and Csibra，2007）进行的测试中，普通成年人表现出与婴儿相同的症状，但患有阿斯伯格综合征的成年人同样经常向左和向右看（Senju, Southgate, White and Frith，2009）。根据潜心智化的解释，这表明，在成年人中，预期的注视效果取决于明确的潜心智化，或者更可能的是，患有阿斯伯格综合征的人更不容易因社会刺激分心。后一种可能性与千住及其同事的观察结果一致，即神经系统正常的成年人会花更长时间看行为人的脸，患有阿斯伯格综合征的人则不然。

[3] 这可能是人们日常使用箭头的经验，有趣的或重要的刺激更可能位于头部附近，而不是尾部，这种经验造成了箭头能“看”什么这种习惯表征。这种内隐心智化假说的自由表达是连贯的，但不清楚它是否可以通过经验检验。我们知道明确的心智化可以扩展到几乎任何对象。如果假定内隐心智化也是混杂的——并且鉴于我们不能根据定义使用口头报告来评估内隐心智化——那么存在一种危险，即内隐心智化假设将变得不可证伪。在这些条件下，点透视任务并不比其他实验更能证明内隐心智化，例如，许多实验表明眼睛和箭头刺激会引起无意识的注意力转移（Guzzon, Brignani, Miniussi and Marzi，2010）。

第 8 章　语 言

[1] 西蒙·柯比和他的同事打算挑战文化学习的理论，他们提出了一个关于语言进化的文化解释，强调来自语言变异的可传递性的选择压力——它们被下一代的成员学习的难易程度——而不是他们能够被接受者的认知系统处理的难易程度（Tamariz and Kirby，2016）。

[2] 这两种概括都得到了功能成像数据的组级分析的支持。后者是通过个体大脑活动的单主题功能磁共振成像分析确定的。这表明布罗卡区可能包含两组区域，其中一个区域比另一个区域更多地涉及语言处理（Fedorenko, Duncan and Kanwisher，2012）。

第 9 章　文化进化心理学

[1] 根据定义，非文化社会学习不是专门用于文化传承的（见第 4 章），但没有理由怀疑简单的、古老的社会学习形式，如刺激增强和观察性条件反射，是否有助于文化传承（Heyes，1993）。它们不是为此而生的，但它们仍然可以承担这个职能。

[2] 心智解读的调节功能是未来实证研究的重要目标。我的猜测是，心智

解读的获得改变了系统 2 中的一系列过程——大多数人认为是“心智”的部分——并且对系统 1 的影响较小（见第 3 章）。

[3] 原则上，这个问题也可以通过选择可以加速所有感觉运动学习的基因突变来解决，这些基因突变包括身体运动的运动表征与无生命刺激的感觉表征及不匹配的身体运动的感觉表征的关联。这是一种合乎逻辑的可能性，但是：（1）情况将变成模仿为更快的领域一般性感觉运动学习提供选择压力，而不是领域特殊性认知工具的遗传同化的例子；（2）鉴于感觉运动学习在跨物种的所有运动控制中的重要性，很难相信，如果有适当的突变，在模仿对人类变得重要之前，它们很久不会被选择。此外，至关重要的是，鉴于需要在经验证据中建立遗传同化论点，我不知道有任何证据表明感觉运动学习在人类群体中比在其他动物群体中更快。

参考文献

Alem, S., Perry, C. J., Zhu, X., Loukola, O. J., Ingraham, T., Søvik, E., and Chittka, L. (2016). Associative mechanisms allow for social learning and cultural transmission of string pulling in an insect. *PLoS Biology, 14*(10), e1002564.

Alvarez, J. A., and Emory, E. (2006). Executive function and the frontal lobes: A meta-analytic review. *Neuropsychology Review, 16*(1), 17–42.

Amundson, R. (1989). The trials and tribulations of selectionist explanations. In K. Hahlweg and C. A. Hooker (eds.), *Issues in Evolutionary Epistemology.* Albany, NY: State University of New York Press, 413–432.

Anderson, M. L. (2008). Circuit sharing and the implementation of intelligent systems. *Connection Science, 20*(4), 239–251.

Anderson, M. L. (2010). Neural reuse: A fundamental organizational principle of the brain. *Behavioral and Brain Sciences, 33*(4), 245–266.

Anderson, M. L. (2016). After phrenology: Neural reuse and the interactive brain (précis). *Behavioral and Brain Sciences, 39,* e120.

Anderson, M. L., and Finlay, B. L. (2014). Allocating structure to function: The strong links between neuroplasticity and natural selection. *Frontiers in Human Neuroscience, 7,* 918.

Anisfeld, M. (1979). Interpreting "imitative" responses in early infancy. *Science, 205,* 214–215.

Anisfeld, M. (2005). No compelling evidence to dispute Piaget's timetable of the development of representational imitation in infancy. In S. Hurley and

N. Chater (eds.), *Perspectives on Imitation: From Cognitive Neuroscience to Social Science* (Vol. 2). Cambridge, MA: MIT Press, 107–131.

Apperly, I. (2010). *Mindreaders: The Cognitive Basis of "Theory of Mind."*. Hove, UK: Psychology Press.

Apps, M. A., Lesage, E., and Ramnani, N. (2015). Vicarious reinforcement learning signals when instructing others. *Journal of Neuroscience, 35*(7), 2904–2913.

Aquinas, T. (1272). *Summa Theologica* (new ed., 2015). Roccasecca, Italy: Xist Publishing.

Atran, S. (2001). The trouble with memes. *Human Nature, 12*(4), 351–381.

Baer, D. M., and Sherman, J. A. (1964). Reinforcement control of generalized imitation in young children. *Journal of Experimental Child Psychology, 1*(1), 37–49.

Bahrami, B., Olsen, K., Bang, D., Roepstorff, A., Rees, G., and Frith, C. (2012). Together, slowly but surely: The role of social interaction and feedback on the build-up of benefit in collective decision-making. *Journal of Experimental Psychology: Human Perception and Performance, 38*(1), 3–8.

Baillargeon, R., Scott, R. M., and He, Z. (2010). False-belief understanding in infants. *Trends in Cognitive Sciences, 14*(3), 110–118.

Bandura, A., Ross, D., and Ross, S. A. (1963). A comparative test of the status envy, social power, and secondary reinforcement theories of identificatory learning. *Journal of Abnormal and Social Psychology, 67*(6), 527–534.

Bardi, L., Regolin, L., and Simion, F. (2011). Biological motion preference in humans at birth: Role of dynamic and configural properties. *Developmental Science, 14*(2), 353–359.

Bardi, L., Regolin, L., and Simion, F. (2014). The first time ever I saw your feet: Inversion effect in newborns' sensitivity to biological motion. *Developmental Psychology, 50*(4), 986–993.

Barkow, J. H., Cosmides, L., and Tooby, J. (eds.) (1992). *The Adapted Mind: Evolutionary Psychology and the Generation of Culture.* Oxford: Oxford University Press.

Baron-Cohen, S. (1997). *Mindblindness: An Essay on Autism and Theory of Mind.* Cambridge, MA: MIT Press.

Barrett, L. F. (2017). *How Emotions are Made: The Secret Life of the Brain.* Boston, MA: Houghton Mifflin Harcourt.

Barton, R. A., and Venditti, C. (2013). Human frontal lobes are not relatively large. *Proceedings of the National Academy of Sciences, 110*(22), 9001–9006.

Bates, E., and MacWhinney, B. (1982). Functionalist approaches to grammar. In L. Gleitman and E. Wanner (eds.), *Language Acquisition: The State of the Art.* Cambridge: Cambridge University Press.

Bates, E., and MacWhinney, B. (1989). Functionalism and the competition model. In B. MacWhinney and E. Bates (eds.), *The Cross-Linguistic Study of Sentence Processing.* Cambridge: Cambridge University Press.

Battesti, M., Pasquaretta, C., Moreno, C., Teseo, S., Joly, D., Klensch, E., . . . and Mery, F. (2015). Ecology of information: Social transmission dynamics within groups of non-social insects. *Proceedings of the Royal Society of London, Series B: Biological Sciences, 282*(1801), 20142480.

Behrens, T. E., Hunt, L. T., Woolrich, M. W., and Rushworth, M. F. (2008). Associative learning of social value. *Nature, 456*(7219), 245–249.

Behrens, T. E., Woolrich, M. W., Walton, M. E., and Rushworth, M. F. (2007). Learning the value of information in an uncertain world. *Nature Neuroscience, 10,* 1214–1221.

Beran, M. J., Perdue, B. M., Futch, S. E., Smith, J. D., Evans, T. A., and Parrish, A. E. (2015). Go when you know: Chimpanzees' confidence movements reflect their responses in a computerized memory task. *Cognition, 142,* 236–246.

Beran, M. J., Smith, J. D., and Perdue, B. M. (2013). Language-trained chimpanzees (Pan troglodytes) name what they have seen but look first at what they have not seen. *Psychological Science, 24*(5), 660–666.

Berwick, R. C., and Chomsky, N. (2015). *Why Only Us: Language and Evolution.* Cambridge, MA: MIT press.

Bird, G., and Heyes, C. (2005). Effector-dependent learning by observation of a finger movement sequence. *Journal of Experimental Psychology: Human Perception and Performance, 31*(2), 262–275.

Birdsong, D., and Molis, M. (2001). On the evidence for maturational constraints in second-language acquisition. *Journal of Memory and Language, 44*(2), 235–249.

Blackmore, S. (2000). *The Meme Machine.* Oxford: Oxford Paperbacks.

Blakemore, S. J. (2008). The social brain in adolescence. *Nature Reviews Neuroscience, 9*(4), 267–277.

Blakemore, S. J., Winston, J., and Frith, U. (2004). Social cognitive neuroscience: Where are we heading? *Trends in Cognitive Sciences, 8*(5), 216–222.

Blass, E. M., Ganchrow, J. R., and Steiner, J. E. (1984). Classical conditioning in newborn humans 2–48 hours of age. *Infant Behavior and Development, 7*(2), 223–235.

Bloom, P. (2000). *How Children Learn the Meanings of Words.* Cambridge, MA: The MIT Press.

Bloom, P. (2001). How children learn the meanings of words (précis). *Behavioral and Brain Sciences, 24*(6), 1095–1103.

Boakes, R. (1984). *From Darwin to Behaviourism: Psychology and the Minds of Animals.* CUP Archive.

Bock, J., Poeggel, G., Gruss, M., Wingenfeld, K., and Braun, K. (2014). Infant cognitive training preshapes learning-relevant prefrontal circuits for adult learning: Learning-induced tagging of dendritic spines. *Cerebral Cortex, 24*(11), 2920–2930.

Boeckx, C. (2006). *Linguistic Minimalism: Origins, Concepts, Methods, and Aims.* Oxford: Oxford University Press.

Bohannon, J. N., MacWhinney, B., and Snow, C. (1990). No negative evidence revisited: Beyond learnability or who has to prove what to whom? *Developmental Psychology, 26*(2), 221–226.

Bohannon, J. N., and Stanowicz, L. B. (1988). The issue of negative evidence: Adult responses to children's language errors. *Developmental Psychology, 24*(5), 684–689.

Boogert, N. J., Giraldeau, L-A., and Lefebvre, L. (2008). Song complexity correlates with learning ability in zebra finch males. *Animal Behaviour, 76,* 1735–1741.

Bornkessel-Schlesewsky, I., Schlesewsky, M., Small, S. L., and Rauschecker, J. P. (2015). Neurobiological roots of language in primate audition: Common computational properties. *Trends in Cognitive Sciences, 19*(3), 142–150.

Bouchard, J., Goodyer, W., and Lefebvre, L. (2007). Social learning and innovation are positively correlated in pigeons. *Animal Cognition, 10,* 259–266.

Bouchard, T. J. (2014). Genes, evolution and intelligence. *Behavior Genetics, 44*(6), 549–577.

Boyd, R., and Richerson, P. J. (1988). *Culture and the Evolutionary Process.* Chicago: University of Chicago Press.

Brem, S., Bucher, K., Halder, P., Summers, P., Dietrich, T., Martin, E., and Brandeis, D. (2006). Evidence for developmental changes in the visual word processing network beyond adolescence. *NeuroImage, 29*(3), 822–837.

Brown, R., and Hanlon, C. (1970). Derivational complexity and order of acquisition in child speech. *Cognition and the Development of Language.* New York: Wiley.

Brown, R. L. (2014). Identifying behavioral novelty. *Biological Theory, 9*(2), 135–148.

Brusse, C. (2017). Making do without selection—review essay of "Cultural Evolution: Conceptual Challenges" by Tim Lewens. *Biology and Philosophy, 32*(2), 307–319.

Bull, R., Phillips, L. H., and Conway, C. A. (2008). The role of control functions in mentalizing: Dual-task studies of theory of mind and executive function. *Cognition, 107*(2), 663–672.

Burkart, J. M., Hrdy, S. B., and Van Schaik, C. P. (2009). Cooperative breeding and human cognitive evolution. *Evolutionary Anthropology: Issues, News, and Reviews, 18*(5), 175–186.

Burnham, D., Kitamura, C., and Vollmer-Conna, U. (2002). What's new, pussycat? On talking to babies and animals. *Science, 296*(5572), 1435–1435.

Burrow, C. (1993). *Epic Romance: Homer to Milton.* Oxford: Oxford University Press.

Butterfill, S. A., and Apperly, I. A. (2013). How to construct a minimal theory of mind. *Mind and Language, 28*(5), 606–637.

Butterfill, S., Apperly, I., Rakoczy, H., Spaulding, S., and Zawidzki, T. (2013). Symposium on S. Butterfill and I. Apperly, "How to Construct a Minimal Theory of Mind." Mind and Language Symposia at the Brains Blog. http://philosophyofbrains.com/2013/11/11/symposium-on-butterfill-and-apperlys-how-to-construct-a-minimal-theory-of-mind-mind-language-28-5-606-63.aspx

Byrne, R. W., and Rapaport, L. G. (2011). What are we learning from teaching? *Animal Behaviour, 82*(5), 1207–1211.

Caldwell, C. A., Atkinson, M., and Renner, E. (2016). Experimental approaches to studying cumulative cultural evolution. *Current Directions in Psychological Science, 25*(3), 191–195.

Calvo-Merino, B., Glaser, D. E., Grèzes, J., Passingham, R. E., and Haggard, P. (2005). Action observation and acquired motor skills: An fMRI study with expert dancers. *Cerebral Cortex, 15*(8), 1243–1249.

Calvo-Merino, B., Grèzes, J., Glaser, D. E., Passingham, R. E., and Haggard, P. (2006). Seeing or doing? Influence of visual and motor familiarity in action observation. *Current Biology, 16*(19), 1905–1910.

Campbell, D. T. (1965). Variation and selective retention in socio-cultural evolution. *Social Change in Developing Areas, 19,* 26–27.

Campbell, D. T. (1974). Evolutionary epistemology. In P.A. Schlipp (ed.), *The Philosophy of Karl Popper.* LaSalle, IL: Open Court, 413–463.

Cardoso, C., Ellenbogen, M. A., and Linnen, A. M. (2014). The effect of intranasal oxytocin on perceiving and understanding emotion on the Mayer–Salovey–Caruso emotional intelligence test (MSCEIT). *Emotion, 1,* 43–50.

Carey, S. (2009). *The Origin of Concepts*. Oxford: Oxford University Press.

Caro, T. M., and Hauser, M. D. (1992). Is there teaching in nonhuman animals? *The Quarterly Review of Biology, 67*(2), 151–174.

Carpendale, J. I., and Lewis, C. (2004). Constructing an understanding of mind: The development of children's social understanding within social interaction. *Behavioral and Brain Sciences, 27*(1), 79–96.

Carpenter, M., and Call, J. (2013). How joint is the joint attention of apes and human infants? In J. Metcalfe and H.S. Terrace (eds.), *Agency and Joint Attention*. New York: Oxford University Press, 49–61.

Caselli, L., and Chelazzi, L. (2011). Does the macaque monkey provide a good model for studying human executive control? A comparative behavioral study of task switching. *PLoS One, 6*(6), e21489.

Caspers, S., Zilles, K., Laird, A. R., and Eickhoff, S. B. (2010). ALE meta-analysis of action observation and imitation in the human brain. *NeuroImage, 50*(3),1148–1167.

Catmur, C., Mars, R. B., Rushworth, M. F., and Heyes, C. (2011). Making mirrors: Premotor cortex stimulation enhances mirror and counter-mirror motor facilitation. *Journal of Cognitive Neuroscience, 23*(9), 2352–2362.

Catmur, C., Press, C., and Heyes, C. (2016). Mirror associations. In R. A. Murphy and R. C. Honey (eds.), *The Wiley Handbook of the Cognitive Neuroscience of Learning*. Hoboken, NJ: Wiley.

Catmur, C., Santiesteban, I., Conway, J. R., Heyes, C., and Bird, G. (2016). Avatars and arrows in the brain. *NeuroImage, 132,* 8–10.

Catmur, C., Walsh, V., and Heyes, C. (2007). Sensorimotor learning configures the human mirror system. *Current Biology, 17*(17), 1527–1531.

Catmur, C., Walsh, V., and Heyes, C. (2009). Associative sequence learning: The role of experience in the development of imitation and the mirror system. *Philosophical Transactions of the Royal Society of London, Series B: Biological Sciences, 364*(1528), 2369–2380.

Cavalli-Sforza, L. L. (1997). Genes, peoples, and languages. *Proceedings of the National Academy of Sciences, 94,* 7719–7724.

Cavalli-Sforza, L. L., and Feldman, M. W. (1981). *Cultural Transmission and Evolution: A Quantitative Approach*. Princeton, NJ: Princeton University Press.

Chang, E. F., and Merzenich, M. M. (2003). Environmental noise retards auditory cortical development. *Science, 300*(5618), 498–502.

Changizi, M. A., Zhang, Q., Ye, H., and Shimojo, S. (2006). The structures of letters and symbols throughout human history are selected to match those found in objects in natural scenes. *The American Naturalist, 167*(5), E117–E139.

Chater, N., and Christiansen, M. H. (2010). Language acquisition meets language evolution. *Cognitive Science, 34*(7), 1131–1157.

Chater, N. and Heyes, C. (1994). Animal concepts: Content and discontent. *Mind and Language, 9*(3), 209–246.

Chater, N., Reali, F., and Christiansen, M. H. (2009). Restrictions on biological adaptation in language evolution. *Proceedings of the National Academy of Sciences, 106*(4), 1015–1020.

Chomsky, N. (1957). *Syntactic Structures.* The Hague: Mouton and Co.

Chomsky, N. (1965). *Aspects of the Theory of Syntax.* Cambridge, MA: MIT Press.

Chomsky, N. (1972). *Language and Mind.* New York: Foris.

Chomsky, N. (1981). *Lectures on Government and Binding.* New York: Foris.

Chomsky, N. (1988). *Language and Problems of Knowledge: The Managua Lectures* (Vol. 16). Cambridge, MA: MIT Press.

Chomsky, N. (1995). Categories and transformations. In *The Minimalist Program, 219–394.*

Christiansen, M. H., and Chater, N. (2008). Language as shaped by the brain. *Behavioral and Brain Sciences, 31*(5), 489–509.

Christiansen, M. H., and Chater, N. (2016). *Creating Language: Integrating Evolution, Acquisition, and Processing.* Cambridge, MA: MIT Press.

Christiansen, M. H., and MacDonald, M. C. (2009). A usage-based approach to recursion in sentence processing. *Language Learning, 59*(s1), 126–161.

Churchland, P. S., and Winkielman, P. (2012). Modulating social behavior with oxytocin: How does it work? What does it mean? *Hormones & Behavior, 61,* 392–399.

Cieri, R. L., Churchill, S. E., Franciscus, R. G., Tan, J., Hare, B., Athreya, S., . . . and Wrangham, R. (2014). Craniofacial feminization, social tolerance, and the origins of behavioral modernity. *Current Anthropology, 55*(4), 419–443.

Clarke, E., and Heyes, C. (2017). The swashbuckling anthropologist: Henrich on the secret of our success. *Biology and Philosophy, 32,* 289–305.

Collins, A., and Koechlin, E. (2012). Reasoning, learning, and creativity: Frontal lobe function and human decision-making. *PLoS Biology, 10*(3), e1001293.

Coltheart, M., Rastle, K., Perry, C., Langdon, R., and Ziegler, J. (2001). DRC: A dual route cascaded model of visual word recognition and reading aloud. *Psychological Review, 108*(1), 204–256.

Cook, J. L. (2014). Task-relevance dependent gradients in medial prefrontal and temporoparietal cortices suggest solutions to paradoxes concerning self / other control. *Neuroscience and Biobehavioral Reviews, 42C,* 298–302.

Cook, M., Mineka, S., Wolkenstein, B., and Laitsch, K. (1985). Observational conditioning of snake fear in unrelated rhesus monkeys. *Journal of Abnormal Psychology, 93,* 355–372.

Cook, R., Bird, G., Catmur, C., Press, C., and Heyes, C. (2014). Mirror neurons: From origin to function. *Behavioral and Brain Sciences, 37*(2), 177–192.

Cook, R., Dickinson, A., and Heyes, C. (2012). Contextual modulation of mirror and countermirror sensorimotor associations. *Journal of Experimental Psychology: General, 141*(4), 774–787.

Cook, R., Johnston, A., and Heyes, C. (2013). Facial self-imitation: Objective measurement reveals no improvement without visual feedback. *Psychological Science, 24*(1), 93–98.

Cook, R., Press, C., Dickinson, A., and Heyes, C. (2010). Is the acquisition of automatic imitation sensitive to sensorimotor contingency? *Journal of Experimental Psychology: Human Perception and Performance, 36,* 840–852.

Cook, R. G., Brown, M. F., and Riley, D. A. (1985). Flexible memory processing by rats: Use of prospective and retrospective information in the radial maze. *Journal of Experimental Psychology: Animal Behavior Processes, 11*(3), 453–469.

Cooper, R. P., and Aslin, R. N. (1990). Preference for infant-directed speech in the first month after birth. *Child Development, 61*(5), 1584–1595.

Cooper, R. P., Cook, R., Dickinson, A., and Heyes, C. (2013). Associative (not Hebbian) learning and the mirror neuron system. *Neuroscience Letters, 540,* 28–36.

Corbeill, A. (2004). *Nature embodied: Gesture in Ancient Rome.* Princeton, NJ: Princeton University Press.

Cosmides, L., and Tooby, J. (1994). Beyond intuition and instinct blindness: Toward an evolutionary rigorous cognitive science. *Cognition, 50,* 41–77.

Cosmides, L., and Tooby, J. (1997). *Evolutionary Psychology: A Primer.* https://www.psych.ucsb.edu/research/cep/primer.html.

Coussi-Korbel, S., and Fragaszy., D. M. (1995). On the relation between social dynamics and social learning. *Animal Behaviour, 50,* 1441–1453.

Cowie, F. (2016). Innateness and language. In E. N. Zalta (ed.), *The Stanford Encyclopedia of Philosophy.* https://plato.stanford.edu/archives/win2016/entries/innateness-language.

Crain, S., Goro, T., and Thornton, R. (2006). Language acquisition is language change. *Journal of Psycholinguistic Research, 35*(1), 31–49.

Cronk, L. (1991). Human behavioral ecology. *Annual Review of Anthropology, 20*(1), 25–53.

Cross, E. S., Hamilton, A. F., and Grafton, S. T. (2006). Building a motor simulation de novo: Observation of dance by dancers. *NeuroImage, 31*(3),1257–1267.

Csibra, G., and Gergely, G. (2006). Social learning and social cognition: The case for pedagogy. In Y. Munakata and M. H. Johnson (eds.), *Processes of Change in Brain and Cognitive Development* (Vol. 21, Attention and Performance). Oxford: Oxford University Press, 249–274.

Culicover, P. W. (1999). *Syntactic Nuts: Hard Cases, Syntactic Theory, and Language Acquisition* (Vol. 1). Oxford University Press on Demand.

Culicover, P. W., and Jackendoff, R. (2005). *Simpler Syntax*. Oxford: Oxford University Press.

Dąbrowska, E. (2012). Different speakers, different grammars: Individual differences in native language attainment. *Linguistic Approaches to Bilingualism, 2*(3), 219–253.

Damuth, J., and Heisler, I. L. (1988). Alternative formulations of multilevel selection. *Biology and Philosophy, 3*(4), 407–430.

Darwin, C. (1868). *The Variation in Animals and Plants under Domestication*. London: John Murray.

Darwin, C. (1871). *The Descent of Man, and Selection in Relation to Sex*. London: John Murray.

Dawkins, R. (1989). *The Selfish Gene*. Oxford: Oxford University Press.

Dawson, E. H., Avarguès-Weber, A., Chittka, L., and Leadbeater, E. (2013). Learning by observation emerges from simple associations in an insect model. *Current Biology, 23*(8), 727–730.

De Casper, A. J., and Fifer, W. P. (1980). Newborn preference for the maternal voice: An indication of early attachment. Paper delivered at a meeting of the Southeastern Conference on Human Development, Alexandria, VA.

De Casper, A. J., and Spence, M. J. (1986). Prenatal maternal speech influences newborns' perception of speech sounds. *Infant Behavior and Development, 9*(2), 133–150.

Dehaene, S. (2009). *Reading in the Brain: The New Science of How We Read*. London: Penguin.

Dehaene, S. (2014). Reading in the brain revised and extended: Response to comments. *Mind and Language, 29*(3), 320–335.

Dehaene, S., and Cohen, L. (2011). The unique role of the visual word form area in reading. *Trends in Cognitive Sciences, 15*(6), 254–262.

Dehaene, S., Pegado, F., Braga, L. W., Ventura, P., Nunes Filho, G., Jobert, A., Dehaene-Lambertz, G., Kolinsky, R., Morais, J., and Cohen, L. (2010). How learning to read changes the cortical networks for vision and language. *Science, 330*(6009), 1359–1364.

De Klerk, C. C., Johnson, M. H., Heyes, C., and Southgate, V. (2015). Baby steps: Investigating the development of perceptual-motor couplings in infancy. *Developmental Science, 18*(2), 270–280.

Della Libera, C., and Chelazzi, L. (2006). Visual selective attention and the effects of monetary rewards. *Psychological Science, 17*(3), 222–227.

Demetras, M. J., Post, K. N., and Snow, C. E. (1986). Feedback to first language learners: The role of repetitions and clarification questions. *Journal of Child Language, 13*(2), 275–292.

Dennett, D. C. (1969). *Content and Consciousness.* London: Routledge.

Dennett, D. C. (1984). Cognitive wheels: The frame problem of AI. In C. Hookway (ed.), *Minds, Machines and Evolution.* Cambridge: Cambridge University Press, 129–151.

Dennett, D. C. (1987). *The Intentional Stance.* Cambridge, MA: MIT Press.

Dennett, D. C. (1990). Memes and the exploitation of imagination. *The Journal of Aesthetics and Art Criticism, 48*(2), 127–135.

Dennett, D. C. (1991). *Consciousness Explained.* Boston: Little, Brown and Co.

Dennett, D. C. (2001). The evolution of culture. *The Monist, 84*(3), 305–324.

Den Ouden, H. E., Friston, K. J., Daw, N. D., McIntosh, A. R., and Stephan, K. E. (2009). A dual role for prediction error in associative learning. *Cerebral Cortex, 19*(5), 1175–1185.

De Villiers, P. A., and de Villiers, J. G. (2012). Deception dissociates from false belief reasoning in deaf children: Implications for the implicit versus explicit theory of mind distinction. *British Journal of Developmental Psychology, 30*(1), 188–209.

Diaconescu, A. O., Mathys, C., Weber, L. A., Daunizeau, J., Kasper, L., Lomakina, E. I., . . . and Stephan, K. E. (2014). Inferring on the intentions of others by hierarchical Bayesian learning. *PLoS Computational Biology, 10*(9), e1003810.

Diamond, A. (2013). Executive functions. *Annual Review of Psychology, 64,* 135–168.

Dickinson, A. (1980). *Contemporary Animal Learning Theory.* Cambridge: Cambridge University Press.

Dickinson, A. (2012). Associative learning and animal cognition. *Philosophical Transactions of the Royal Society of London, Series B: Biological Sciences, 367*(1603), 2733–2742.

Di Giorgio, E., Leo, I., Pascalis, O., and Simion, F. (2012). Is the face-perception system human-specific at birth?. *Developmental Psychology, 48*(4), 1083–1090.

Di Pellegrino, G., Fadiga, L., Fogassi, L., Gallese, V., and Rizzolatti, G. (1992). Understanding motor events: A neurophysiological study. *Experimental Brain Research, 91*(1), 176–180.

Dolk, T., Hommel, B., Colzato, L. S., Schütz-Bosbach, S., Prinz, W., and Liepelt, R. (2011). How "social" is the social Simon effect? *Frontiers in Psychology.* https://doi.org/10.3389/fpsyg.2011.00084.

Dorrance, B. R., and Zentall, T. R. (2001). Imitative learning in Japanese quail depends on the motivational state of the observer quail at the time of observation. *Journal of Comparative Psychology, 115,* 62–67.

Dumontheil, I., Apperly, I. A., and Blakemore, S. J. (2010). Online usage of theory of mind continues to develop in late adolescence. *Developmental Science, 13*(2), 331–338.

Duncan, J., Schramm, M., Thompson, R., and Dumontheil, I. (2012). Task rules, working memory, and fluid intelligence. *Psychonomic Bulletin & Review, 19*(5), 864–870.

Dupierrix, E., de Boisferon, A. H., Méary, D., Lee, K., Quinn, P. C., Di Giorgio, E., . . . and Pascalis, O. (2014). Preference for human eyes in human infants. *Journal of Experimental Child Psychology, 123,* 138–146.

Duranti, A. (2008). Further reflections on reading other minds. *Anthropological Quarterly, 81,* 483–494.

Eco, U. (1995). *The Search for the Perfect Language.* Oxford: Wiley-Blackwell.

Efferson, C., Richerson, P. J., McElreath, R., Lubell, M., Edsten, E., Waring, T. M., Paciotti, B., and Baum, W. (2007). Learning, productivity, and noise: An experimental study of cultural transmission on the Bolivian Alti-plano. *Evolution and Human Behavior, 28,* 11–17.

Emberson, L. L., Richards, J. E., and Aslin, R. N. (2015). Top-down modulation in the infant brain: Learning-induced expectations rapidly affect the sensory cortex at 6 months. *Proceedings of the National Academy of Sciences, 112*(31), 9585–9590.

Eriksson, K. (2012). The nonsense math effect. *Judgment and Decision Making, 7,* 746–749.

Evans, J. S. B., and Stanovich, K. E. (2013). Dual-process theories of higher cognition: Advancing the debate. *Perspectives on Psychological Science, 8*(3), 223–241.

Evans, N. (2013). Multilingualism as the primal human condition: What we have to learn from small-scale speech communities. Keynote address delivered at *9th International Symposium on Bilingualism,* Singapore.

Evans, N., and Levinson, S. C. (2009). The myth of language universals: Language diversity and its importance for cognitive science. *Behavioral and Brain Sciences, 32*(5), 429–448.

Everett, D. L. (2005). Cultural constraints on grammar and cognition in Pirahã. Another look at the design features of human language. *Current Anthropology, 46*, 621–646.

Eysenck, M. W., and Keane, M. T. (2015). *Cognitive Psychology: A Student's Handbook* (7th ed.). Hove, East Sussex: Psychology Press.

Fagot, J., and Cook, R. G. (2006). Evidence for large long-term memory capacities in baboons and pigeons and its implications for learning and the evolution of cognition. *Proceedings of the National Academy of Sciences,* 103(46), 17564–17567.

Falck-Ytter, T., Gredebäck, G., and von Hofsten, C. (2006). Infants predict other people's action goals. *Nature Neuroscience, 9*(7), 878–879.

Farroni, T., Mansfield, E. M., Lai, C., and Johnson, M. H. (2003). Infants perceiving and acting on the eyes: Tests of an evolutionary hypothesis. *Journal of Experimental Child Psychology, 85*(3), 199–212.

Fedorenko, E., Duncan, J., and Kanwisher, N. (2012). Language-selective and domain-general regions lie side by side within Broca's area. *Current Biology, 22*(21), 2059–2062.

Fernald, A. (1991). Prosody in speech to children: Prelinguistic and linguistic functions. *Annals of Child Development, 8,* 43–80.

Fernandes, H. B., Woodley, M. A., and te Nijenhuis, J. (2014). Differences in cognitive abilities among primates are concentrated on g: Phenotypic and phylogenetic comparisons with two meta-analytical databases. *Intelligence, 46,* 311–322.

Ferrari, P. F., Rozzi, S., and Fogassi, L. (2005). Mirror neurons responding to observation of actions made with tools in monkey ventral premotor cortex. *Journal of Cognitive Neuroscience, 17*(2), 212–226.

Fiorito, G., and Scotto, P. (1992). Observational learning in *Octopus vulgaris. Science, 256,* 545–547.

Fitch, W. T., Hauser, M. D., and Chomsky, N. (2005). The evolution of the language faculty: Clarifications and implications. *Cognition, 97,* 179–210.

Flege, J. E., Yeni-Komshian, G. H., and Liu, S. (1999). Age constraints on second-language acquisition. *Journal of Memory and Language, 41*(1), 78–104.

Fleming, S. M., Dolan, R. J., and Frith, C. D. (2012). Metacognition: Computation, biology and function. *Philosophical Transactions of the Royal Society, Series B: Biological Sciences,* 367, 1280–1286.

Floccia, C., Christophe, A., and Bertoncini, J. (1997). High-amplitude sucking and newborns: The quest for underlying mechanisms. *Journal of Experimental Child Psychology, 64*(2), 175–198.

Fogarty, L., Rendell, L., and Laland, K. N. (2012). Mental time travel, memory and the social learning strategies tournament. *Learning & Motivation, 43,* 241–246.

Forssberg, H,. Eliasson, A. C., Kinoshita, H., Johansson, R. S., and Westling, G. (1991). Development of human precision grip. I. Basic coordination of force. *Experimental Brain Research, 85,* 451–457.

Frank, M. C., Vul, E., and Johnson, S. P. (2009). Development of infants' attention to faces during the first year. *Cognition, 110*(2), 160–170.

Frith, C. D., and Frith, U. (2012). Mechanisms of social cognition. *Annual Review of Psychology, 63,* 287–313.

Frith, U. (2001). Mind blindness and the brain in autism. *Neuron, 32*(6), 969–979.

Fusaro, M., and Harris, P. L. (2008). Children assess informant reliability using bystanders' non-verbal cues. *Developmental Science, 11* (5), 771–777.

Gabi, M., Neves, K., Masseron, C., Ribeiro, P. F. M., Ventura-Antunes, L., Torres, L., Mota, B., Kaas, J. H., and Herculano-Houzel, S. (2016). No relative expansion of the number of prefrontal neurons in primate and human evolution. *Proceedings of the National Academy of Sciences,* 201610178.

Galef, B. G. (1971). Social effects in the weaning of domestic rat pups. *Journal of Comparative and Physiological Psychology, 75*(3), 358–362.

Galef, B. G., Dudley, K. E., and Whiskin, E. E. (2008). Social learning of food preferences in "dissatisfied" and "uncertain" Norway rats. *Animal Behaviour, 75,* 631–637.

Gallese, V., Fadiga, L., Fogassi, L., and Rizzolatti, G. (1996). Action recognition in the premotor cortex. *Brain, 119*(2), 593–609.

Gangestad, S. W. (2016). An evolutionary perspective on oxytocin and its behavioral effects. *Current Opinion in Psychology, 7,* 115–119.

Garcia, E., Baer, D. M., and Firestone, I. (1971). The development of generalized imitation within topographically determined boundaries. *Journal of Applied Behavior Analysis, 4*(2), 101–112.

Garvert, M. M., Moutoussis, M., Kurth-Nelson, Z., Behrens, T. E., and Dolan, R. J. (2015). Learning-induced plasticity in medial prefrontal cortex predicts preference malleability. *Neuron, 85*(2), 418–428.

Giles, A., and Rovee-Collier, C. (2011). Infant long-term memory for associations formed during mere exposure. *Infant Behavior and Development, 34*(2), 327–338.

Godfrey-Smith, P. (2009). *Darwinian Populations and Natural Selection.* Oxford: Oxford University Press.

Godfrey-Smith, P. (2012). Darwinism and cultural change. *Philosophical Transactions of the Royal Society, Series B: Biological Sciences, 367*(1599), 2160–2170.

Goldman, A. I. (2006). *Simulating Minds: The Philosophy, Psychology, and Neuroscience of Mindreading.* Oxford: Oxford University Press.

Goldstein, M. H., and Schwade, J. A. (2008). Social feedback to infants' babbling facilitates rapid phonological learning. *Psychological Science, 19*(5), 515–523.

Goodnow, J. J. (1955). Determinants of choice-distribution in two-choice situations. *The American Journal of Psychology, 68*(1), 106–116.

Gopnik, A., and Wellman, H. M. (2012). Reconstructing constructivism: Causal models, Bayesian learning mechanisms, and the theory theory. *Psychological Bulletin, 138,* 1085–1108.

Grafen, A. (1984). Natural selection, kin selection and group selection. In J. R. Krebs and N. B. Davies (eds.), *Behavioural Ecology: An Evolutionary Approach* (2nd ed.). Oxford: Blackwell Scientific, 62–84.

Gray, R. D., and Atkinson, Q. D. (2003). Language-tree divergence times support the Anatolian theory of Indo-European origin. *Nature, 426*(6965), 435–439.

Greenwood, J. (2015). *Becoming Human: The Ontogenesis, Metaphysics, and Expression of Human Emotionality.* Cambridge, MA: MIT Press.

Gregory, R., Cheng, H., Rupp, H. A., Sengelarb, D. R., and Heiman, J. R. (2015). Oxytocin increases VTA activation to infant and sexual stimuli in nulliparous and postpartum women. *Hormones and Behavior, 69,* 82–88.

Grice, H. P. (1957). Meaning. *The Philosophical Review, 66*(3), 377–388.

Griffiths, P. E. (2017). The distinction between innate and acquired characteristics. In E. N. Zalta (ed.), *The Stanford Encyclopedia of Philosophy* (Spring 2017 Edition). https://plato.stanford.edu/archives/spr2017/entries/innate-acquired/.

Griffiths, P. E., Pocheville, A., Calcott, B., Stotz, K., Kim, H., and Knight, R. (2015). Measuring causal specificity. *Philosophy of Science, 82*(4), 529–555.

Gruber, C. W. (2014). Physiology of invertebrate oxytocin and vasopressin neuropeptides. *Experimental Physiology, 99,* 51–55.

Grusec, J. E., and Abramovitch, R. (1982). Imitation of peers and adults in a natural setting: A functional analysis. *Child Development, 53,* 636–642.

Güss, C. D., and Wiley, B. (2007). Metacognition of problem-solving strategies in Brazil, India, and the United States. *Journal of Cognition and Culture, 7*, 1–25.

Guzzon, D., Brignani, D., Miniussi, C., and Marzi, C. A. (2010). Orienting of attention with eye and arrow cues and the effect of overtraining. *Acta Psychologica, 134*(3), 353–362.

Hakuta, K., Bialystok, E., and Wiley, E. (2003). Critical evidence: A test of the critical-period hypothesis for second-language acquisition. *Psychological Science, 14*(1), 31–38.

Harris, W. V. (ed.) (2013). *Mental Disorders in the Classical World.* Leiden: Brill.

Harshaw, C., and Lickliter, R. (2007). Interactive and vicarious acquisition of auditory preferences in Northern bobwhite (*Colinus virginianus*) chicks. *Journal of Comparative Psychology, 121*(3), 320–331.

Harvey, O. J., and Rutherford, J. (1960). Status in the informal group: Influence and influencibility at differing age levels. *Child Development, 31,* 377–385.

Haslinger, B., Erhard, P., Altenmuller, E., Schroeder, U., Boecker, H., and Ceballos-Baumann, A. O. (2005). Transmodal sensorimotor networks during action observation in professional pianists. *Journal of Cognitive Neuroscience, 17*(2), 282–293.

Haun, D. B. M., Rapold, C. J., Call, J., Janzen, G., and Levinson, S. C. (2006). Cognitive cladistics and cultural override in Hominid spatial cognition. *Proceedings of the National Academy of Sciences, 103*(46), 17568–17573.

Hauser, M. D., Chomsky, N., and Fitch, W. T. (2002). The faculty of language: What is it, who has it, and how did it evolve? *Science, 298*(5598), 1569–1579.

Heine, S. J., Kitayama, S., Lehman, D.R., Takata, T., Ide, E., Leung, C., and Matsumoto, H. (2001). Divergent consequences of success and failure in Japan and North America: An investigation of self–improving motivations and malleable selves. *Journal of Personality and Social Psychology, 81*, 599–615.

Henrich, J. (2004). Demography and cultural evolution: How adaptive cultural processes can produce maladaptive losses: The Tasmanian case. *American Antiquity, 69*, 197–214.

Henrich, J. (2015). *The Secret of Our Success: How Culture is Driving Human Evolution, Domesticating Our Species, and Making Us Smarter.* Princeton: Princeton University Press.

Henrich, J., and Broesch, J. (2011). On the nature of cultural transmission networks: Evidence from Fijian villages for adaptive learning biases. *Philosophical Transactions of the Royal Society, Series B: Biological Sciences, 366*, 1139–1148.

Herrnstein, R. J., Loveland, D. H., and Cable, C. (1976). Natural concepts in pigeons. *Journal of Experimental Psychology, 2*(4), 285–302.

Heyes, C. (1993). Imitation, culture and cognition. *Animal Behaviour, 46*(5), 999–1010.

Heyes, C. (1994). Social learning in animals: Categories and mechanisms. *Biological Reviews, 69*(2), 207–231.

Heyes, C. (2003). Four routes of cognitive evolution. *Psychological Review, 110*(4), 713–727.

Heyes, C. (2011). Automatic imitation. *Psychological Bulletin, 137*(3), 463–483.

Heyes, C. (2012a). Grist and mills: On the cultural origins of cultural learning. *Philosophical Transactions of the Royal Society, Series B: Biological Sciences, 367*(1599), 2181–2191.

Heyes, C. (2012b). Simple minds: A qualified defence of associative learning. *Philosophical Transactions of the Royal Society of London, Series B: Biological Sciences, 367*(1603), 2695–2703.

Heyes, C. (2012c). What's social about social learning? *Journal of Comparative Psychology, 126*(2), 193–202.

Heyes, C. (2013). What can imitation do for cooperation? In K. Sterelny, R. Joyce, B. Calcott, and B. Fraser (eds.), *Cooperation and its Evolution.* Cambridge, MA: MIT Press, 313–331.

Heyes, C. (2014a). Submentalizing: I am not really reading your mind. *Perspectives on Psychological Science, 9*(2), 131–143.

Heyes, C. (2014b). False belief in infancy: A fresh look. *Developmental Science, 17*(5), 647–659.

Heyes, C. (2015). Animal mindreading: What's the problem? *Psychonomic Bulletin & Review, 22*(2), 313–327.

Heyes, C. (2016a). Blackboxing: Social learning strategies and cultural evolution. *Philosophical Transactions of the Royal Society, Series B: Biological Sciences, 371*(1693), 20150369.

Heyes, C. (2016b). Born pupils? Natural pedagogy and cultural pedagogy. *Perspectives on Psychological Science, 11*(2), 280–295.

Heyes, C. (2016c). Who knows? Metacognitive social learning strategies. *Trends in Cognitive Sciences, 20*(3), 204–213.

Heyes, C. (2016d). Imitation: Not in our genes. *Current Biology, 26*(10), R412–R414.

Heyes, C. (2016e). Homo imitans? Seven reasons why imitation couldn't possibly be associative. *Philosophical Transactions of the Royal Society, Series B: Biological Sciences, 371*(1686), 20150069.

Heyes, C. (2017a). When does social learning become cultural learning? *Developmental Science, 20*(2), e12350.

Heyes, C. (2017b). Apes submentalise. *Trends in Cognitive Sciences, 21*(1), 1–2.

Heyes, C. (in press, a). Enquire within: Cultural evolution and cognitive science. *Philosophical Transactions of the Royal Society, Series B: Biological Sciences.*

Heyes, C. (in press, b). Human nature, natural pedagogy, and evolutionary causal essentialism. In T. Lewens and E. Hannon (eds.), *Why We Disagree about Human Nature.* Oxford: Oxford University Press.

Heyes, C., Bird, G., Johnson, H., and Haggard, P. (2005). Experience modulates automatic imitation. *Cognitive Brain Research, 22*(2), 233–240.

Heyes, C., and Frith, C. D. (2014). The cultural evolution of mind reading. *Science, 344*(6190), 1243091.

Heyes, C., and Galef, Jr., B. G. (eds.) (1996). *Social Learning in Animals: The Roots of Culture.* San Diego, CA: Academic Press.

Heyes, C., and Pearce, J. M. (2015). Not-so-social learning strategies. *Proceedings of the Royal Society of London, Series B: Biological Sciences, 282*(1802), 20141709.

Heyes, C., and Ray, E. D. (2000). What is the significance of imitation in animals? *Advances in the Study of Behavior, 29,* 215–245.

Hill, M. R., Boorman, E. D., and Fried, I. (2016). Observational learning computations in neurons of the human anterior cingulate cortex. *Nature Communications, 7,* doi:10.1038/ncomms12722.

Holden, C., and Mace, R. (2009). Phylogenetic analysis of the evolution of lactose digestion in adults. *Human Biology, 81*(5 / 6), 597–619.

Holland, P. C. (1992). Occasion setting in Pavlovian conditioning. *Psychology of Learning and Motivation, 28,* 69–125.

Hood, B. M., Willen, J. D., and Driver, J. (1998). Adult's eyes trigger shifts of visual attention in human infants. *Psychological Science, 9*(2), 131–134.

Hoppitt, W., and Laland, K. N. (2013). *Social Learning: An Introduction to Mechanisms, Methods, and Models.* Princeton, NJ: Princeton University Press.

Hove, M. J., and Risen, J. L. (2009). It's all in the timing: Interpersonal synchrony increases affiliation. *Social Cognition, 27*(6), 949–960.

Hrdy, S. B. (2011). *Mothers and Others.* Cambridge, MA: Harvard University Press.

Hsu, H. J., and Bishop, D. V. (2014). Sequence-specific procedural learning deficits in children with specific language impairment. *Developmental Science, 17*(3), 352–365.

Hsu, H. J., Tomblin, J. B., and Christiansen, M. H. (2014). Impaired statistical learning of non-adjacent dependencies in adolescents with specific language impairment. *Frontiers in Psychology, 5,* 175.

Hughes, C., Jaffee, S. R., Happé, F., Taylor, A., Caspi, A., and Moffitt, T. E. (2005). Origins of individual differences in theory of mind: From nature to nurture? *Child Development, 76*(2), 356–370.

Hull, D. L. (1986). On human nature. In *PSA: Proceedings of the biennial meeting of the philosophy of science association* (Vol. 1986, No. 2), Baltimore, MD: Philosophy of Science Association, 3–13.

Hurks, P. P. M. (2012). Does instruction in semantic clustering and switching enhance verbal fluency in children? *Clinical Neuropsychology, 26,* 1019–1037.

Insel, T. R., and Young, L. J. (2001). The neurobiology of attachment. *Nature Reviews Neuroscience, 2*(2), 129–136.

Ivanova, M. V., Isaev, D. Y., Dragoy, O. V., Akinina, Y. S., Petrushevskiy, A. G., Fedina, O. N., . . . and Dronkers, N. F. (2016). Diffusion-tensor imaging of major white matter tracts and their role in language processing in aphasia. *Cortex, 85,* 165–181.

Jablonka, E., and Lamb, M. J. (2005): *Evolution in Four Dimensions: Genetic, Epigenetic, Behavioral, and Symbolic Variation in the History of Life.* Cambridge, MA: MIT Press.

Jackson, P. L., Meltzoff, A. N., and Decety, J. (2006). Neural circuits involved in imitation and perspective-taking. *NeuroImage, 31*(1), 429–439.

Jacobson, S. W., and Kagan, J. (1979). Interpreting "imitative" responses in early infancy. *Science, 205,* 215–217.

James, W. (1890). *The Principles of Psychology.* New York: Holt.

Jelinek, E. (1995). Quantification in Straits Salish. In E. Bach, E. Jelinek, A. Kratzer, and B. Partee (eds.), *Quantification in Natural Languages.* Dordrecht, NL: Kluwer, 487–540.

Jensen, J., Smith, A. J., Willeit, M., Crawley, A. P., Mikulis, D. J., Vitcu, I., and Kapur, S. (2007). Separate brain regions code for salience versus valence during reward prediction in humans. *Human Brain Mapping, 28,* 294–302.

Johnson, M. H. (2005). Subcortical face processing. *Nature Reviews Neuroscience, 6*(10), 766–774.

Johnson, M. H., Dziurawiec, S., Ellis, H., and Morton, J. (1991). Newborns' preferential tracking of face-like stimuli and its subsequent decline. *Cognition, 40*(1), 1–19.

Johnson, S., Slaughter, V., and Carey, S. (1998). Whose gaze will infants follow? The elicitation of gaze-following in 12-month-olds. *Developmental Science, 1*(2), 233–238.

Jones, P. L., Ryan, M. J., Flores, V., and Page, R. A. (2013). When to approach novel prey cues? Social learning strategies in frog-eating bats. *Proceedings of the Royal Society of London, Series B: Biological Sciences, 280*(1772), 20132330.

Jones, S. S. (2006). Exploration or imitation? The effect of music on 4-week-old infants' tongue protrusions. *Infant Behavior and Development, 29*, 126–130.

Jones, S. S. (2007). Imitation in infancy: The development of mimicry. *Psychological Science, 18*, 593–599.

Jones, S. S. (2009). The development of imitation in infancy. *Philosophical Transactions of the Royal Society, Series B: Biological Sciences, 364*, 2325–2335.

Jusczyk, P. W. (1999). How infants begin to extract words from speech. *Trends in Cognitive Sciences, 3*(9), 323–328.

Kahneman, D. (2003). A perspective on judgment and choice: Mapping bounded rationality. *American Psychologist, 58*(9), 697–720.

Kano, F., Call, J., and Tomonaga, M. (2012). Face and eye scanning in gorillas (*Gorilla gorilla*), orangutans (*Pongo abelii*), and humans (*Homo sapiens*): Unique eye-viewing patterns in humans among hominids. *Journal of Comparative Psychology, 126*(4), 388–398.

Karmiloff-Smith, A. (1995). *Beyond Modularity: A Developmental Perspective on Cognitive Science.* Cambridge, MA: MIT Press.

Karmiloff-Smith, A. (2015). An alternative to domain-general or domain-specific frameworks for theorizing about human evolution and ontogenesis. *AIMS Neuroscience, 2*(2), 91–104.

Katz, J. J. (1985). An outline of Platonist grammar. In Katz, J. J (ed.), *The Philosophy of Linguistics.* Oxford: Oxford University Press.

Kaufman, S. B., DeYoung, C. G., Gray, J. R., Brown, J., and Mackintosh, N. (2009). Associative learning predicts intelligence above and beyond working memory and processing speed. *Intelligence, 37*, 374–382.

Kaye, K., and Marcus, J. (1978). Imitation over a series of trials without feedback: Age six months. *Infant Behavior and Development, 1*, 141–155.

Kepecs, A., and Mainen, Z. F. (2012). A computational framework for the study of confidence in humans and animals. *Philosophical Transactions of the Royal Society of London, Series B: Biological Sciences, 367*(1594), 1322–1337.

Keysers, C., Kohler, E., Umiltà, M. A., Nanetti, L., Fogassi, L., and Gallese, V. (2003). Audiovisual mirror neurons and action recognition. *Experimental Brain Research, 153*(4), 628–636.

Kidd, D. C., and Castano, E. (2013). Reading literary fiction improves theory of mind. *Science, 342*(6156), 377–380.

Kidd, E. (2012). Implicit statistical learning is directly associated with the acquisition of syntax. *Developmental Psychology, 48,* 171–184.

Kidd, E., and Arciuli, J. (2016). Individual differences in statistical learning predict children's comprehension of syntax. *Child Development, 87*(1), 184–193.

Kline, M. A., and Boyd, R. (2010). Population size predicts technological complexity in Oceania. *Proceedings of the Royal Society of London, Series B: Biological Sciences, 277*(1693), 2559–2564.

Klopfer, P. H. (1961). Observational learning in birds: The establishment of behavioral modes. *Behaviour, 17,* 71–80.

Koepke, J. E., Hamm, M., Legerstee, M., and Russell, M. (1983). Neonatal imitation: Two failures to replicate. *Infant Behavior and Development, 6,* 97–102.

Kohler, E., Keysers, C., Umiltà, M. A., Fogassi, L., Gallese, V., and Rizzolatti, G. (2002). Hearing sounds, understanding actions: Action representation in mirror neurons. *Science, 297*(5582), 846–848.

Kosfeld, M., Heinrichs, M., Zak, P. J., Fischbacher, U., and Fehr, E. (2005). Oxytocin increases trust in humans. *Nature, 435*(7042), 673–676.

Kovács, Á. M., Téglás, E., and Endress, A. D. (2010). The social sense: Susceptibility to others' beliefs in human infants and adults. *Science, 330*(6012), 1830–1834.

Kruglanski, A. W., and Gigerenzer, G. (2011). Intuitive and deliberate judgments are based on common principles. *Psychological Review, 118*(1), 97–109.

Krupenye, C., Kano, F., Hirata, S., Call, J., and Tomasello, M. (2016). Great apes anticipate that other individuals will act according to false beliefs. *Science, 354*(6308), 110–114.

Kuhl, P. K. (2007). Is speech learning "gated" by the social brain? *Developmental Science, 10*(1), 110–120.

Kuhn, T. S. (1962). *The Structure of Scientific Revolutions.* Chicago: University of Chicago Press.

Kuo, Z. Y. (1922). How are our instincts acquired? *Psychological Review, 29*(5), 344–365.

Lakoff, G. (1990). The invariance hypothesis: Is abstract reason based on image schemas? *Cognitive Linguistics, 1,* 39–74.

Laland, K. N. (2004). Social learning strategies. *Animal Learning & Behavior, 32*(1), 4–14.

Laland, K. N., and Brown, G. R. (2011). *Sense and Nonsense: Evolutionary Perspectives on Human Behaviour.* Oxford: Oxford University Press.

Laland, K. N., and Brown, G. R. (in press). The social construction of human nature. In T. Lewens and E. Hannon (eds.), *Why We Disagree about Human Nature*. Oxford: Oxford University Press.

Laland, K. N., and Rendell, L. (2013). Cultural memory. *Current Biology, 23*, R736–R740.

Lane, A., Mikolajczak, M., Treinen, E., Samson, D., Corneille, O., de Timary, P., and Luminet, O. (2015). Failed replication of oxytocin effects on trust: The envelope task case. *PloS One, 10*(9), e0137000.

Lawson, E. A., Marengi, D. A., DeSanti, R. L., Holmes, T. M., Schoenfeld, D. A., and Tolley, C. J. (2015). Oxytocin decreases caloric intake in men. *Obesity, 23*, 950–956.

Leadbeater, E. (2015). What evolves in the evolution of social learning? *Journal of Zoology, 295*(1), 4–11.

Lefebvre, L., and Giraldeau, L-A. (1996). Is social learning an adaptive specialization? In C. Heyes and B. G. Galef (eds.), *Social Learning in Animals: The Roots of Culture*. San Diego, CA: Academic Press, 107–152.

Leighton, J., Bird, G., and Heyes, C. (2010). "Goals" are not an integral component of imitation. *Cognition, 114*(3), 423–435.

Leighton, J., and Heyes, C. (2010). Hand to mouth: Automatic imitation across effector systems. *Journal of Experimental Psychology: Human Perception and Performance, 36*(5), 1174.

Lenneberg, E. H. (1967). *The Biological Foundations of Language*. New York: Wiley.

Lepage, J. F., and Théoret, H. (2007). The mirror neuron system: Grasping others' actions from birth? *Developmental Science, 10*(5), 513–523.

Le Pelley, M. E. (2010). Attention and human associative learning. In C. J. Mitchell and M. E. Le Pelley (eds.), *Attention and Associative Learning: From Brain to Behaviour*. New York: Oxford University Press, 187–215.

Le Pelley, M. E., Vadillo, M., and Luque, D. (2013). Learned predictiveness influences rapid attentional capture: Evidence from the dot probe task. *Journal of Experimental Psychology: Learning, Memory, and Cognition, 39*(6), 1888–1900.

Leslie, A. M. (1987). Pretense and representation: The origins of "theory of mind." *Psychological Review, 94*(4), 412–426.

Lewens, T. (2012). Human nature: The very idea. *Philosophy & Technology, 25*(4), 459–474.

Lewens, T. (2015). *Cultural Evolution: Conceptual Challenges*. Oxford: Oxford University Press.

Lewens, T. and Hannon, E. (eds.) (in press). *Why We Disagree about Human Nature.* Oxford: Oxford University Press.

Lewis, C., Freeman, N. H., Kyriakidou, C., Maridaki-Kassotaki, K., and Berridge, D. M. (1996). Social influences on false belief access: Specific sibling influences or general apprenticeship? *Child Development, 67*(6), 2930–2947.

Li, J. (2003). US and Chinese cultural beliefs about learning. *Journal of Educational Psychology, 95,* 258–267.

Li, W., Howard, J. D., Parrish, T. B., and Gottfried, J. A. (2008). Aversive learning enhances perceptual and cortical discrimination of indiscriminable odor cues. *Science, 319,* 1842–1845.

Lidz, J., and Gagliardi, A. (2015). How nature meets nurture: Universal grammar and statistical learning. *Annual Review of Linguistics, 1*(1), 333–353.

Lieberman, M. D. (2007). Social cognitive neuroscience: A review of core processes. *Annual Review of Psychology, 58,* 259–289.

Lillard, A. (1998). Ethnopsychologies: Cultural variations in theories of mind. *Psychological Bulletin, 123*(1), 3–32.

Lipton, P. (2003). *Inference to the Best Explanation.* London: Routledge.

Lohmann, H., and Tomasello, M. (2003). The role of language in the development of false belief understanding: A training study. *Child Development, 74*(4), 1130–1144.

Loman, M. M., and Gunnar, M. R. (2010). Early experience and the development of stress reactivity and regulation in children. *Neuroscience & Biobehavioral Reviews, 34*(6), 867–876.

Lorenz, K. (1965). *Evolution and the Modification of Behavior.* Chicago: University of Chicago Press.

Lorenz, R., and Tinbergen, N. (1938/1970). Taxis and instinctive behavior pattern in egg-rolling by the Graylag goose. In K. Lorenz (ed.), R. Martin (trans.), *Studies in Animal and in Human Behavior* (Vol. 1). Cambridge, MA: Harvard University Press, 316–359.

Lumsden, C. J., and Wilson, E. O. (2005). *Genes, Mind, and Culture: The Coevolutionary Process.* Singapore: World Scientific.

Luna, B. (2009). Developmental changes in cognitive control through adolescence. *Advances in Child Development & Behavior. 37,* 233–278.

Lunt, L., Bramham, J., Morris, R. G., Bullock, P. R., Selway, R. P., Xenitidis, K., and David, A. S. (2012). Prefrontal cortex dysfunction and "jumping to conclusions": Bias or deficit? *Journal of Neuropsychology, 6*(1), 65–78.

Lyons, D. E., Young, A. G., and Keil, F. C. (2007). The hidden structure of overimitation. *Proceedings of the National Academy of Sciences, 104*(50), 19751–19756.

Lyons, J. (1977). *Semantics.* London: Cambridge University Press.

Machery, E. (2008). A plea for human nature. *Philosophical Psychology, 21*(3), 321–329.

Machery, E. (in press). A plea for human nature, redux. In T. Lewens and E. Hannon (eds.), *Why We Disagree about Human Nature.* Oxford: Oxford University Press.

Mack, A., and Rock, I. (1998). *Inattentional Blindness.* Cambridge, MA: MIT Press.

Mackintosh, N. J. (1975). A theory of attention: Variations in the associability of stimuli with reinforcement. *Psychological Review, 82*(4), 276–298.

MacLean, E. L., Hare, B., Nunn, C. L., Addessi, E., Amici, F., Anderson, R. C., Aureli, F., Baker, J. M., Bania, A. E., Barnard, A. M., and Boogert, N. J. (2014). The evolution of self-control. *Proceedings of the National Academy of Sciences, 111*(20), E2140–E2148.

MacLeod, C., Mathews, A., and Tata, P. (1986). Attentional bias in emotional disorders. *Journal of Abnormal Psychology, 95*(1), 15–20.

MacPhail, E. M. (1982). *Brain and Intelligence in Vertebrates.* Oxford: Clarendon Press.

Mahmoodi, A., Bang, D., Ahmadabadi, M. N., and Bahrami, B. (2013). Learning to make collective decisions: The impact of confidence escalation. *PLoS One, 8,* e81195.

Margulis, E. H., Mlsna, L. M., Uppunda, A. K., Parrish, T. B., and Wong, P. C. (2009). Selective neurophysiologic responses to music in instrumentalists with different listening biographies. *Human Brain Mapping, 30*(1), 267–275.

Masters, J. C. (1979). Interpreting "imitative" responses in early infancy. *Science, 205*(4402), 215.

Matzel, L. D., and Kolata, S. (2010). Selective attention, working memory, and animal intelligence. *Neuroscience & Biobehavioral Reviews, 34*(1), 23–30.

Mayer, A., and Träuble, B. E. (2013). Synchrony in the onset of mental state understanding across cultures? A study among children in Samoa. *International Journal of Behavioral Development, 37,* 21–28.

Maynard-Smith, J. (2000). The concept of information in biology. *Philosophy of Science, 67,* 177–194.

McBrearty, S., and Brooks, A. S. (2000). The revolution that wasn't: A new interpretation of the origin of modern human behavior. *Journal of Human Evolution, 39*(5), 453–563.

McEwen, F., Happé, F., Bolton, P., Rijsdijk, F., Ronald, A., Dworzynski, K., and Plomin, R. (2007). Origins of individual differences in imitation: Links with language, pretend play, and socially insightful behavior in two-year-old twins. *Child Development, 78*(2), 474–492.

McGeer, V. (2007). The regulative dimension of folk psychology. In D. D. Hutto and M. Ratcliffe (eds.), *Folk Psychology Re-Assessed.* New York: Springer, 137–156.

McGuigan, N. (2013). The influence of model status on the tendency of young children to over-imitate. *Journal of Experimental Child Psychology, 116*(4), 962–969.

McKenzie, B., and Over, R. (1983). Young infants fail to imitate facial and manual gestures. *Infant Behavior and Development, 6,* 85–95.

Meins, E. (2012). Social relationships and children's understanding of mind: Attachment, internal states, and mind-mindedness. In M. Siegal and L. Surian (eds.), *Access to Language and Cognitive Development.* Oxford: Oxford University Press, 23–43.

Mellars, P. (1989). Major issues in the emergence of modern humans. *Current Anthropology, 30*(3), 348–385.

Mellars, P. (2005). The impossible coincidence. A single-species model for the origins of modern human behavior in Europe. *Evolutionary Anthropology, 14,* 12–27.

Mellars, P., and Stringer, C. (eds.) (1989). *The Human Revolution.* Edinburgh: Edinburgh University Press.

Meltzoff, A. N. (1988). The human infant as Homo imitans. In T. R. Zentall and B. G. Galef (eds.), *Social Learning: Psychological and Biological Perspectives* Hillsdale, NJ: Erlbaum, 319–341.

Meltzoff, A. N. (2002). Imitation as a mechanism of social cognition: Origins of empathy, theory of mind, and the representation of action. In U. Goswami (ed.), *Blackwell Handbook of Childhood Cognitive Development.* Oxford: Blackwell, 6–25.

Meltzoff, A. N. (2005). Imitation and other minds: The "like me" hypothesis. In S. Hurley and N. Chater (eds.), *Perspectives on Imitation: From Neuroscience to Social Science* (Vol. 2). Cambridge, MA: MIT Press, 55–78.

Meltzoff, A. N., and Moore, M. K. (1977). Imitation of facial and manual gestures by human neonates. *Science, 198*(4312), 75–78.

Meltzoff, A. N., and Moore, M. K. (1979). Interpreting "imitative" responses in early infancy. *Science, 205,* 217–219.

Meltzoff, A. N., and Moore, M. K. (1994). Imitation, memory, and the representation of persons. *Infant Behavior & Development, 17,* 83–99.

Meltzoff, A. N., and Moore, M. K. (1997). Explaining facial imitation: A theoretical model. *Early Development & Parenting, 6*(3–4), 179–192.

Mengotti, P., Ticini, L. F., Waszak, F., Schutz-Bosbach, S., and Rumiati, R. I. (2013). Imitating others' actions: Transcranial magnetic stimulation of the parietal opercula reveals the processes underlying automatic imitation. *European Journal of Neuroscience, 37*(2), 316–322.

Meristo, M., Hjelmquist, E., and Morgan, G. (2012). How access to language affects theory of mind in deaf children. In M. Siegal and L. Surian (eds.), *Access to Language and Cognitive Development.* New York: Oxford University Press, 44–61.

Mesoudi, A. (2011). *Cultural Evolution: How Darwinian Theory Can Explain Human Culture and Synthesize the Social Sciences.* Chicago: University of Chicago Press.

Mesoudi, A., Chang, L., Murray, K., and Jing Lu, H. (2015). Higher frequency of social learning in China than in the West shows cultural variation in the dynamics of cultural evolution. *Proceedings of the Royal Society of London, Series B: Biological Sciences,282,* 20142209.

Mesoudi, A., Whiten, A., and Laland, K. N. (2004). Perspective: Is human cultural evolution Darwinian? Evidence reviewed from the perspective of *The Origin of Species*. *Evolution, 58*(1), 1–11.

Michel, G. F., and Tyler, A. N. (2005). Critical period: A history of the transition from questions of when, to what, to how. *Developmental Psychobiology, 46*(3), 156–162.

Millikan, R. G. (1984). *Language, Thought, and Other Biological Categories: New Foundations for Realism.* Cambridge, MA: MIT press.

Misyak, J. B., and Christiansen, M. H. (2012). Statistical learning and language: An individual differences study. *Language Learning, 62*(1), 302–331.

Moerk, E. L. (1991). Positive evidence for negative evidence. *First Language, 11*(32), 219–251.

Molenberghs, P., Cunnington, R., and Mattingley, J. B. (2012). Brain regions with mirror properties: A meta-analysis of 125 human fMRI studies. *Neuroscience and Biobehavioral Reviews, 36*(1), 341–349.

Moon, C., Cooper, R. P., and Fifer, W. P. (1993). Two-day-olds prefer their native language. *Infant Behavior and Development, 16*(4), 495–500.

Moore, C., and Corkum, V. (1994). Social understanding at the end of the first year of life. *Developmental Review, 14*(4), 349–372.

Moore, J. W., Dickinson, A., and Fletcher, P. C. (2011). Sense of agency, associative learning, and schizotypy. *Consciousness and Cognition, 20*, 792–800.

Moore, R. (2016). Gricean communication and cognitive development. *The Philosophical Quarterly, 67*(267), 303–326.

Moore, R. (in press). Social cognition, stag hunts, and the evolution of language. *Biology & Philosophy.*

Morgan, T. J. H., Rendell, L. E., Ehn, M., Hoppitt, W., and Laland, K. N. (2012). The evolutionary basis of human social learning. *Proceedings of the Royal Society of London, Series B: Biological Sciences, 279*(1729), 653–662.

Morin, O. (2015). *How Traditions Live and Die.* Oxford: Oxford University Press.

Muthukrishna, M., and Henrich, J. (2016). Innovation in the collective brain. *Philosophical Transactions of the Royal Society, Series B, 371*(1690), 20150192.

Nicolle, A., Klein-Flügge, M. C., Hunt, L. T., Vlaev, I., Dolan, R. J., and Behrens, T. E. (2012). An agent independent axis for executed and modeled choice in medial prefrontal cortex. *Neuron, 75*(6), 1114–1121.

Nile, E., and Van Bergen, P. (2015). Not all semantics: Similarities and differences in reminiscing function and content between indigenous and non-indigenous Australians. *Memory, 23*(1), 83–98.

Nisbett, R. (2010). *The Geography of Thought: How Asians and Westerners Think Differently . . . and Why.* New York: Simon and Schuster.

Norman, D. A., and Shallice, T. (1986). Attention to action: Willed and automatic control of behaviour. In R. J. Davidson, et al. (eds.), *Consciousness and Self-regulation* (Vol. 4). Dordrecht, NL: Plenum, 1–18.

O'Brien, K., Slaughter, V., and Peterson, C. C. (2011). Sibling influences on theory of mind development for children with ASD. *Journal of Child Psychology and Psychiatry, 52*(6), 713–719.

Okasha, S. (2005). Multilevel selection and the major transitions in evolution. *Philosophy of Science, 72*(5), 1013–1025.

Olsson, A., and Phelps, E. A. (2007). Social learning of fear. *Nature Neuroscience, 10,* 1095–1102.

Onishi, K. H., and Baillargeon, R. (2005). Do 15-month-old infants understand false beliefs? *Science, 308*(5719), 255–258.

Oostenbroek, J., Suddendorf, T., Nielsen, M., Redshaw, J., Kennedy-Costantini, S., Davis, J., . . . and Slaughter, V. (2016). Comprehensive longitudinal study challenges the existence of neonatal imitation in humans. *Current Biology, 26*(10), 1334–1338.

Osada, T. (1992). *A Reference Grammar of Mundari*. Institute for the Study of Languages and Cultures of Asia and Africa, Tokyo University of Foreign Studies.

O'Toole, R., and Dubin, R. (1968). Baby feeding and body sway: An experiment in George Herbert Mead's "Taking the role of the other." *Journal of Personality and Social Psychology, 10*, 59–65.

Ozturk, O., Krehm, M., and Vouloumanos, A. (2013). Sound symbolism in infancy: Evidence for sound-shape cross-modal correspondences in 4-month-olds. *Journal of Experimental Child Psychology, 114*(2), 173–186.

Pagel, M. (2000). The history, rate and pattern of world linguistic evolution. In C. Knight, M. Studdert-Kennedy, and J. Hurford (eds.), *The Evolutionary Emergence of Language*. Cambridge: Cambridge University Press, 391–416.

Papineau, D. (1987). *Reality and Representation*. Oxford: Basil Blackwell.

Paracchini, S., Scerri, T., and Monaco, A. P. (2007). The genetic lexicon of dyslexia. *Annual Review of Genomics, Human Genetics, 8*, 57–79.

Pascalis, O., de Haan, M., and Nelson, C. A. (2002). Is face processing species-specific during the first year of life? *Science, 296*(5571), 1321–1323.

Passingham, R. E. (2008). *What is Special about the Human Brain?* New York: Oxford University Press.

Passingham, R. E., and Smaers, J. B. (2014). Is the prefrontal cortex especially enlarged in the human brain? Allometric relations and remapping factors. *Brain, Behavior and Evolution, 84*(2), 156–166.

Paulus, M., Hunnius, S., Vissers, M., and Bekkering, H. (2011). Imitation in infancy: Rational or motor resonance? *Child Development, 82*(4), 1047–1057.

Pawlby, S. J. (1977). Imitative interaction. In H. Schaffer (ed.), *Studies in Mother–Infant Interaction*. New York: Academic Press, 203–224.

Pearce, J. M. (2013). *Animal Learning and Cognition: An Introduction*. London: Psychology Press.

Perner, J. (2010). Who took the cog out of cognitive science? In P. A. Frensch and R. Schwarzer (eds.), *Cognition and Neuropsychology: International Perspectives on Psychological Science* (Vol. 1). London: Psychology Press, 241–261.

Petersen, S. E., and Posner, M. I. (2012). The attention system of the human brain 20 years after. *Annual Review of Neuroscience, 35*, 73–89.

Piaget, J. (1962). *Play, Dreams and Imitation in Childhood*. New York: Norton.

Pinker, S. (1994). *The Language Instinct: The New Science of Language and Mind*. London: Penguin.

Pinker, S. (1997). *How the Mind Works*. London: Penguin.

Pinker, S., and Bloom, P. (1990). Natural language and natural selection. *Behavioral and Brain Sciences, 13*(4), 707–727.

Pinker, S., and Jackendoff, R. (2005). The faculty of language: What's special about it? *Cognition, 95*(2), 201–236.

Plomin, R., DeFries, J. C., McClearn, G. E., and McGuffin, P. (2001). *Behavior Genetics.* New York: W. H. Freeman.

Plotkin, H. C., and Odling-Smee, F. J. (1981). A multiple-level model of evolution and its implications for sociobiology. *Behavioral and Brain Sciences, 4*(2), 225–235.

Pocheville, A., and Danchin, E. (2017). Genetic assimilation and the paradox of blind variation. In P. Huneman and D. Walsh (eds.), *Challenging the Modern Synthesis*. Oxford: Oxford University Press.

Poldrack, R. A. (2006). Can cognitive processes be inferred from neuroimaging data? *Trends in Cognitive Sciences, 10*(2), 59–63.

Popper, K. (1962). *Conjectures and Refutations.* New York: Basic Books.

Prados, J. (2011). Blocking and overshadowing in human geometry learning. *Journal of Experimental Psychology: Animal Behavior Processes, 37,* 121–126.

Press, C., Bird, G., Flach, R., and Heyes, C. (2005). Robotic movement elicits automatic imitation. *Cognitive Brain Research, 25*(3), 632–640.

Pyers, J. E., and Senghas, A. (2009). Language promotes false-belief understanding: Evidence from learners of a new sign language. *Psychological Science, 20*(7), 805–812.

Quiroga, R. Q., Reddy, L., Kreiman, G., Koch, C., and Fried, I. (2005). Invariant visual representation by single neurons in the human brain. *Nature, 435*(7045), 1102–1110.

Qureshi, A. W., Apperly, I. A., and Samson, D. (2010). Executive function is necessary for perspective selection, not Level-1 visual perspective calculation: Evidence from a dual-task study of adults. *Cognition, 117*(2), 230–236.

Rankin, C. H., Abrams, T., Barry, R. J., Bhatnagar, S., Clayton, D. F., Colombo, J., Coppola, G., Geyer, M. A., Glanzman, D. L., Marsland, S., and McSweeney, F. K. (2009). Habituation revisited: An updated and revised description of the behavioral characteristics of habituation. *Neurobiology of Learning and Memory, 92*(2), 135–138.

Rashotte, M. E., Griffin, R. W., and Sisk, C. L. (1977). Second-order conditioning of the pigeon's keypeck. *Learning & Behavior, 5*(1), 25–38.

Ray, E., and Heyes, C. (2011). Imitation in infancy: The wealth of the stimulus. *Developmental Science, 14*(1), 92–105.

Reader, S. M., Hager, Y., and Laland, K. N. (2011). The evolution of primate general and cultural intelligence. *Philosophical Transactions of the Royal Society, Series B, 366,* 1017–1027.

Reader, S. M., and Laland, K. N. (2002). Social intelligence, innovation, and enhanced brain size in primates. *Proceedings of the National Academy of Sciences, 99,* 4436–4441.

Reeb-Sutherland, B. C., Fifer, W. P., Byrd, D. L., Hammock, E. A., Levitt, P., and Fox, N. A. (2011). One-month-old human infants learn about the social world while they sleep. *Developmental Science, 14*(5), 1134–1141.

Reeb-Sutherland, B. C., Levitt, P., and Fox, N. A. (2012). The predictive nature of individual differences in early associative learning and emerging social behavior. *PloS One, 7*(1), e30511.

Reid, V. M., Dunn, K., Young, R. J., Amu, J., Donovan, T., and Reissland, N. (2017). The human fetus preferentially engages with face-like visual stimuli. *Current Biology, 27,* 1825–1828.

Reimers-Kipping, S., Hevers, W., Pääbo, S., and Enard, W. (2011). Humanized FOXP2 specifically affects cortico-basal ganglia circuits. *Neuroscience, 175,* 75–84.

Rendell, L., Fogarty, L., Hoppitt, W. J., Morgan, T. J., Webster, M. M., and Laland, K. N. (2011). Cognitive culture: Theoretical and empirical insights into social learning strategies. *Trends in Cognitive Sciences, 15*(2), 68–76.

Rescorla, R. A. (1988). Pavlovian conditioning: It's not what you think it is. *American Psychologist, 43*(3), 151–160.

Rescorla, R. A., and Wagner, A. R. (1972). A theory of Pavlovian conditioning: Variations in the effectiveness of reinforcement and nonreinforcement. *Classical Conditioning II: Current Research and Theory, 2,* 64–99.

Richerson, P. J. (in press). What work (or mischief) does "human nature" do in the work of scientists? In T. Lewens and E. Hannon (eds.), *Why We Disagree about Human Nature.* Oxford: Oxford University Press.

Richerson, P. J., and Boyd, R. (2005). *Not by Genes Alone.* Chicago: University of Chicago Press.

Richerson, P. J., and Boyd, R. (2013). Rethinking paleoanthropology: A world queerer than we supposed. In G. Hatfield and H. Pittman (eds.), *Evolution of Mind, Brain, and Culture.* Philadelphia: University of Pennsylvania Press, 263–302.

Rilling, J. K. (2014). Comparative primate neuroimaging: Insights into human brain evolution. *Trends in Cognitive Sciences, 18*(1), 46–55.

Rizzolatti, G., and Craighero, L. (2004). The mirror-neuron system. *Annual Review of Neuroscience, 27,* 169–192.

Rogers, A. R. (1988). Does biology constrain culture? *American Anthropologist, 90,* 819–831.

Rosa-Salva, O., Regolin, L., and Vallortigara, G. (2010). Faces are special for newly hatched chicks: Evidence for inborn domain-specific mechanisms underlying spontaneous preferences for face-like stimuli. *Developmental Science, 13*(4), 565–577.

Rovee-Collier, C., and Giles, A. (2010). Why a neuromaturational model of memory fails: Exuberant learning in early infancy. *Behavioural Processes, 83*(2), 197–206.

Rovee-Collier, C., Mitchell, K., and Hsu-Yang, V. (2013). Effortlessly strengthening infant memory: Associative potentiation of new learning. *Scandinavian Journal of Psychology, 54*(1), 4–9.

Rushworth, M. F., Mars, R. B., and Sallet, J. (2013). Are there specialized circuits for social cognition, and are they unique to humans? *Current Opinion in Neurobiology, 23*(3), 436–442.

Ryle, G. (1945). "Philosophical Arguments." Inaugural lecture, Waynflete Professor of Metaphysical Philosophy. Reprinted (2009) in *Collected Papers of Gilbert Ryle,* Vol. 2. London: Routledge, 194–211.

Saggerson, A. L., George, D. N., and Honey, R. C. (2005). Imitative learning of stimulus-response and response-outcome associations in pigeons. *Journal of Experimental Psychology: Animal Behavior Processes, 31,* 289–300.

Salmon, K., and Reese, E. (2016). The benefits of reminiscing with young children. *Current Directions in Psychological Science, 25*(4), 233–238.

Samson, D., Apperly, I. A., Braithwaite, J. J., Andrews, B. J., and Bodley Scott, S. E. (2010). Seeing it their way: Evidence for rapid and involuntary computation of what other people see. *Journal of Experimental Psychology: Human Perception and Performance, 36*(5), 1255.

Samuels, R. (2004). Innateness in cognitive science. *Trends in Cognitive Sciences, 8*(3), 136–141.

Samuels, R. (2012). Science and human nature. *Royal Institute of Philosophy Supplement, 70,* 1–28.

Santiesteban, I., Catmur, C., Hopkins, S. C., Bird, G., and Heyes, C. (2014). Avatars and arrows: Implicit mentalizing or domain-general processing? *Journal of Experimental Psychology: Human Perception and Performance, 40*(3), 929–937.

Scheele, D., Wille, A., Kendrick, K. M., Stoffel-Wagner, B., Becker, B., Gunturkun, O., Maier, W., and Hurlemann, R. (2013). Oxytocin enhances brain reward system responses of men viewing the face of their female partner. *Proceedings of the National Academy of Sciences, 110,* 20308–20313.

Schreiweis, C., Bornschein, U., Burguière, E., Kerimoglu, C., Schreiter, S., Dannemann, M., Goyal, S., Rea, E., French, C. A., Puliyadi, R., and Groszer, M. (2014). Humanized FOXP2 accelerates learning by enhancing transitions from declarative to procedural performance. *Proceedings of the National Academy of Sciences, 111*(39), 14253–14258.

Schultz, W., and Dickinson, A. (2000). Neuronal coding of prediction errors. *Annual Review of Neuroscience, 23*(1), 473–500.

Senju, A., and Csibra, G. (2008). Gaze following in human infants depends on communicative signals. *Current Biology, 18*(9), 668–671.

Senju, A., Southgate, V., White, S., and Frith, U. (2009). Mindblind eyes: An absence of spontaneous theory of mind in Asperger syndrome. *Science, 325*(5942), 883–885.

Senzaki, S., Masuda, T., and Ishii, K. (2014). When is perception top-down and when is it not? Culture, narrative, and attention. *Cognitive Science, 38*(7), 1493–1506.

Shahaeian, A., Peterson, C. C., Slaughter, V., and Wellman, H. M. (2011). Culture and the sequence of steps in theory of mind development. *Developmental Psychology, 47*(5), 1239–1247.

Shanks, D. R. (2010). Learning: from association to cognition. *Annual Review of Psychology, 61,* 273–301.

Shannon, C. E. (1949). The mathematical theory of communication. In C. E. Shannon and W. Weaver (eds.), *The Mathematical Theory of Communication.* Urbana: University of Illinois Press.

Shea, N. (2009). Imitation as an inheritance system. *Philosophical Transactions of the Royal Society of London, Series B: Biological Sciences, 364,* 2429–2443.

Shea, N. (2013). Inherited representations are read in development. *The British Journal for the Philosophy of Science, 64*(1), 1–31.

Shea, N., Boldt, A., Bang, D., Yeung, N., Heyes, C., and Frith, C. D. (2014). Suprapersonal cognitive control and metacognition. *Trends in Cognitive Sciences, 18*(4), 186–193.

Shettleworth, S. J. (2010). *Cognition, Evolution, and Behavior.* Oxford: Oxford University Press.

Shiraev, E., and Levy, D. A. (2014). *Cross-Cultural Psychology.* New York: Pearson Education Limited.

Shweder, R. A., and Sullivan, M. A. (1993). Cultural psychology: Who needs it? *Annual Review of Psychology, 44*(1), 497–523.

Silk, J. B., and House, B. R. (2011). Evolutionary foundations of human prosocial sentiments. *Proceedings of the National Academy of Sciences, 108*(2), 10910–10917.

Simons, D. J., and Chabris, C. F. (1999). Gorillas in our midst: Sustained inattentional blindness for dynamic events. *Perception, 28*(9), 1059–1074.

Siqueland, E. R., and Lipsitt, L. P. (1966). Conditioned head-turning in human newborns. *Journal of Experimental Child Psychology, 3*(4), 356–376.

Skerry, A. E., Carey, S. E., and Spelke, E. S. (2013). First-person action experience reveals sensitivity to action efficiency in prereaching infants. *Proceedings of the National Academy of Sciences, 110*(46), 18728–18733.

Skuse, D. H. (1993). Extreme deprivation in early childhood. In D. Bishop and K. Mogford (eds.), *Language Development in Exceptional Circumstances.* Hillsdale, NJ: Erlbaum, 29–46.

Skuse, D. H., and Gallagher, L. (2011). Genetic influences on social cognition. *Pediatric Research, 69*, 85R–91R.

Slaughter, V., and Peterson, C. C. (2012). How conversational input shapes theory of mind development in infancy and early childhood. In M. Siegal and L. Surian (eds.), *Access to Language and Cognitive Development.* Oxford: Oxford University Press, 3–22.

Smith, L. B., Suanda, S. H., and Yu, C. (2014). The unrealized promise of infant statistical word–referent learning. *Trends in Cognitive Sciences, 18*(5), 251–258.

Smith, N. A., and Trainor, L. J. (2008). Infant-directed speech is modulated by infant feedback. *Infancy, 13*(4), 410–420.

Snowdon, C. T. (2004). Social processes in the evolution of complex cognition and communication. In D. Kimbrough Oller and U. Griebel (eds.), *Evolution of Communication Systems: A Comparative Approach.* Cambridge, MA: MIT Press, 131–150.

Sober, E. (1991). Models of cultural evolution. In P. Griffiths (ed.), *Trees of Life: Essays in the Philosophy of Biology.* Dordrecht, NL: Kluwer Academic Publishers.

Southgate, V., Senju, A., and Csibra, G. (2007). Action anticipation through attribution of false belief by 2-year-olds. *Psychological Science, 18*(7), 587–592.

Spelke, E. S., and Kinzler, K. D. (2007). Core knowledge. *Developmental Science, 10*(1), 89–96.

Sperber, D. (1996). *Explaining Culture.* Oxford: Blackwell Publishers.

Sperber, D. (2000a). An objection to the memetic approach to culture. In R. Aunger (ed.), *Darwinizing Culture: The Status of Memetics as a Science.* Oxford: Oxford University Press, 163–174.

Sperber, D. (2000b). Metarepresentations in an evolutionary perspective. In D. Sperber (ed.), *Metarepresentations: A Multidisciplinary Perspective*. Oxford: Oxford University Press, 117–137.

Sperber, D., and Wilson, D. (1995). *Relevance: Communication and Cognition*. 2nd ed. Cambridge: Cambridge University Press.

Sterelny, K. (2003). *Thought in a Hostile World: The Evolution of Human Cognition*. Oxford: Wiley-Blackwell.

Sterelny, K. (2006). Memes revisited. *The British Journal for the Philosophy of Science, 57*(1), 145–165.

Sterelny, K. (2012). *The Evolved Apprentice*. Cambridge, MA: MIT Press.

Sterelny, K. (2017). Cultural evolution in California and Paris. *Studies in the History and Philosophy of Biological and Biomedical Sciences, 62*, 42–50.

Sterelny, K. (in press). Culture and the extended phenotype: Cognition and material culture in deep time. In A. Newen, L. de Bruin, and S. Gallagher (eds.), *The Oxford Handbook of Cognition: Embodied, Embedded, Enactive and Extended*. Oxford: Oxford University Press.

Sterelny, K., Smith, K. C., and Dickison, M. (1996). The extended replicator. *Biology and Philosophy, 11*(3), 377–403.

Street, J. A., and Dąbrowska, E. (2010). More individual differences in language attainment: How much do adult native speakers of English know about passives and quantifiers? *Lingua, 120*(8), 2080–2094.

Tamariz, M., and Kirby, S. (2016). The cultural evolution of language. *Current Opinion in Psychology, 8*, 37–43.

Tamir, M., and Robinson, M. D. (2007). The happy spotlight: Positive mood and selective attention to rewarding information. *Personality and Social Psychology Bulletin, 33*(8), 1124–1136.

Tarr, B., Launay, J., Cohen, E., and Dunbar, R. (2015). Synchrony and exertion during dance independently raise pain threshold and encourage social bonding. *Biology Letters, 11*(10), 20150767.

Taumoepeau, M. (2016). Maternal expansions of child language relate to growth in children's vocabulary. *Language Learning and Development, 12*(4), 429–446.

Taumoepeau, M., and Ruffman, T. (2006). Mother and infant talk about mental states relates to desire language and emotion understanding. *Child Development, 77*(2), 465–481.

Taumoepeau, M., and Ruffman, T. (2008). Stepping stones to others' minds: Maternal talk relates to child mental state language and emotion understanding at 15, 24, and 33 months. *Child Development, 79*, 284–302.

Templeton, J. J., Kamil, A. C., and Balda, R. P. (1999). Sociality and social learning in two species of corvids: The Pinyon Jay and the Clark's Nutcracker. *Journal of Comparative Psychology, 113,* 450–455.

Ten Cate, C., and Okanoya, K. (2012). Revisiting the syntactic abilities of non-human animals: Natural vocalizations and artificial grammar learning. *Philosophical Transactions of the Royal Society of London, Series B: Biological Sciences, 367*(1598), 1984–1994.

Tennie, C., Call, J., and Tomasello, M. (2009). Ratcheting up the ratchet: On the evolution of cumulative culture. *Philosophical Transactions of the Royal Society, Series B: Biological Sciences, 364,* 2405–2415.

Thornton, A., and McAuliffe, K. (2012). Teaching can teach us a lot. *Animal Behaviour, 83*(4), e6–e9.

Thornton, A., and Raihani, N. J. (2008). The evolution of teaching. *Animal Behaviour, 75*(6), 1823–1836.

Thurman, S. M., and Lu, H. (2013). Physical and biological constraints govern perceived animacy of scrambled human forms. *Psychological Science, 24,* 1133–1141.

Tinbergen, N. (1963). On aims and methods of ethology. *Zeitschrift für Tierpsychologie, 20*(4), 410–433.

Tipples, J. (2008). Orienting to counterpredictive gaze and arrow cues. *Perception & Psychophysics, 70*(1), 77–87.

Toelch, U., Bruce, M., Newson, L., Richerson, P. J., and Reader, S. M. (2014). Individual consistency and flexibility in human social information use. *Proceedings of the Royal Society of London, Series B: Biological Sciences, 281,* 20132864.

Tomasello, M. (1995). Language is not an instinct. *Cognitive Development, 10,* 131–156.

Tomasello, M. (2003). *Constructing a Language. A Usage-Based Approach.* Cambridge, MA: Harvard University Press.

Tomasello, M. (2009). *The Cultural Origins of Human Cognition.* Cambridge, MA: Harvard University Press.

Tomasello, M. (2014). *A Natural History of Human Thinking.* Cambridge, MA: Harvard University Press.

Tomasello, M., Carpenter, M., Call, J., Behne, T., and Moll, H. (2005). Understanding and sharing intentions: The origins of cultural cognition. *Behavioral and Brain Sciences, 28,* 675–735.

Tomasello M., Kruger A. C., and Ratner H. H. (1993). Cultural learning. *Behavioral & Brain Sciences, 16,* 495–552.

Tomasello, M., and Moll, H. (2010). The gap is social: Human shared intentionality and culture. In P. Kapperler and J. Silk (eds.), *Mind the Gap. Tracing the Origins of Human Universals.* Berlin: Springer, 331–349.

Tomblin, J. B., Mainela-Arnold, E., and Zhang, X. (2007). Procedural learning in adolescents with and without specific language impairment. *Language Learning and Development, 3*(4), 269–293.

Tomblin, J. B., Shriberg, L., Murray, J., Patil, S., and Williams, C. (2004). Speech and language characteristics associated with a 7 / 13 translocation involving FOXP2. *American Journal of Medical Genetics, Part B, Neuropsychiatric Genetics, 130*, 97–97.

Trainor, L. J., Austin, C. M., and Desjardins, R. N. (2000). Is infant-directed speech prosody a result of the vocal expression of emotion? *Psychological Science, 11*(3), 188–195.

Trainor, L. J., and Desjardins, R. N. (2002). Pitch characteristics of infant-directed speech affect infants' ability to discriminate vowels. *Psychonomic Bulletin & Review, 9*(2), 335–340.

Triesch, J., Teuscher, C., Deák, G. O., and Carlson, E. (2006). Gaze following: Why (not) learn it? *Developmental Science, 9*(2), 125–147.

Tunçgenç, B., and Cohen, E. (2016). Movement synchrony forges social bonds across group divides. *Frontiers in Psychology, 7,* 782.

Uller, T. (2008). Developmental plasticity and the evolution of parental effects. *Trends in Ecology and Evolution, 23*, 432–438.

Uzgiris, I. C. (1972). Patterns of vocal and gestural imitation in infants. In F. Monks, W. Hartup, and J. de Witt (eds.), *Determinants of Behavioral Development.* New York: Academic Press, 467–471.

Uzgiris, I. C., Benson, J. B., Kruper, J. C., and Vasek, M. E. (1989). Contextual influences on imitative interactions between mothers and infants. In J. Lockman and N. Hazen (eds.), *Action in Social Context: Perspectives on Early Development.* New York: Plenum Press, 103–127.

Van de Waal, E., Renevey, N., Farve, C. M., and Bahary, R. (2010). Selective attention to philopatric models causes directed social learning in wild vervet monkeys. *Proceedings of the Royal Society of London, Series B: Biological Sciences, 282*, 20092260.

Van der Lely, H. K., and Pinker, S. (2014). The biological basis of language: Insight from developmental grammatical impairments. *Trends in Cognitive Sciences, 18*(11), 586–595.

Van Overwalle, F. (2009). Social cognition and the brain: A meta-analysis. *Human Brain Mapping, 30*(3), 829–858.

Van Schaik, C. P., and Pradhan, G. R. (2003). A model for tool-use traditions in primates: Implications for the coevolution of culture and cognition. *Journal of Human Evolution, 44*, 645–664.

Vecera, S. P., and Johnson, M. H. (1995). Gaze detection and the cortical processing of faces: Evidence from infants and adults. *Visual Cognition, 2*(1), 59–87.

Vetter, N. C., Leipold, K., Kliegel, M., Phillips, L. H., and Altgassen, M. (2013). Ongoing development of social cognition in adolescence. *Child Neuropsychology, 19*(6), 615–629.

Voelkl, B., and Huber, L. (2007). Imitation as faithful copying of a novel technique in marmoset monkeys. *PLoS One, 2*(7), e611.

Vogt, S., Buccino, G., Wohlschlager, A. M., Canessa, N., Shah, N. J., Zilles, K., Eickhoff, S. B., Freund, H. J., Rizzolatti, G., and Fink, G. R. (2007). Prefrontal involvement in imitation learning of hand actions: Effects of practice and expertise. *NeuroImage, 37*(4), 1371–1383.

Vouloumanos, A., Hauser, M. D., Werker, J. F., and Martin, A. (2010). The tuning of human neonates' preference for speech. *Child Development, 81*(2), 517–527.

Vouloumanos, A., and Werker, J. F. (2007). Listening to language at birth: Evidence for a bias for speech in neonates. *Developmental Science, 10*(2), 159–164.

Washburn, M. F. (1908). *The Animal Mind.* New York: Macmillan.

Watson, J. B. (1930). *Behaviorism.* Chicago: Phoenix.

Watson, J. S., and Ramey, C. T. (1972). Reactions to response-contingent stimulation in early infancy. *Merrill-Palmer Quarterly of Behavior and Development, 18*(3), 219–227.

Webster, M. M., and Laland, K. N. (2015). Space-use and sociability are not related to public-information use in ninespine sticklebacks. *Behavioral Ecology and Sociobiology, 69*(6), 895–907.

Werker, J. F., and Hensch, T. K. (2015). Critical periods in speech perception: New directions. *Annual Review of Psychology, 66*, 173–196.

Werner, C., and Latane, B. (1974). Interaction motivates attraction: Rats are fond of fondling. *Journal of Personality and Social Psychology, 29*(3), 328–334.

West-Eberhard, M. J. (2003). *Developmental Plasticity and Evolution.* Oxford: Oxford University Press.

West-Eberhard, M. J. (2005). Developmental plasticity and the origin of species differences. *Proceedings of the National Academy of Sciences, 102*(1), 6543–6549.

White, B. L., Castle, P., and Held, R. (1964). Observations on the development of visually guided reaching. *Child Development, 35*, 349–364.

Whitehouse, H. (2004). *Modes of Religiosity: A Cognitive Theory of Religious Transmission*. Lanham, MA: Rowman Altamira.

Whiten, A., and Custance, D. (1996). Studies of imitation in chimpanzees and children. In C. Heyes and B. G. Galef (eds.), *Social Learning in Animals: The Roots of Culture*. San Diego: Academic Press, 291–318.

Whiten, A., Goodall, J., McGrew, W. C., Nishida, T., Reynolds, V., Sugiyama, Y., Tutin, C. E., Wrangham, R. W., and Boesch, C. (1999). Cultures in chimpanzees. *Nature, 399*, 682–685.

Whiten, A., and Ham, R. (1992). On the nature and evolution of imitation in the animal kingdom: Reappraisal of a century of research. *Advances in the Study of Behaviour, 21*, 239–283.

Whiten, A., McGuigan, N., Marshall-Pescini, S., and Hopper, L. M. (2009). Emulation, imitation, over-imitation and the scope of culture for child and chimpanzee. *Philosophical Transactions of the Royal Society of London, Series B: Biological Sciences, 364*(1528), 2417–2428.

Wilkins, A. S., Wrangham, R. W., and Fitch, W. T. (2014). The "domestication syndrome" in mammals: A unified explanation based on neural crest cell behavior and genetics. *Genetics, 197*(3), 795–808.

Wilkinson, A., Kuenstner, K., Mueller, J., and Huber, L. (2010). Social learning in a non-social reptile. *Biology Letters, 6*, 614–616.

Williamson, R. A., Meltzoff, A. N., and Markman, E. M. (2008). Prior experiences and perceived efficacy influence 3-year olds' imitation. *Developmental Psychology, 44*(1), 275–285.

Wilson, B., Slater, H., Kikuchi, Y., Milne, A. E., Marslen-Wilson, W. D., Smith, K., and Petkov, C. I. (2013). Auditory artificial grammar learning in macaque and marmoset monkeys. *Journal of Neuroscience, 33*(48), 18825–18835.

Wilson, E. O. (1975). *Sociobiology: The New Synthesis*. Cambridge, MA: Harvard University Press.

Wiltermuth, S. S., and Heath, C. (2009). Synchrony and cooperation. *Psychological Science, 20*(1), 1–5.

Winawer, J., Witthoft, N., Frank, M. C., Wu, L., Wade, A. R., and Boroditsky, L. (2007). Russian blues reveal effects of language on color discrimination. *Proceedings of the National Academy of Sciences, 104*(19), 7780–7785.

Wisdom, T. N., Song, X., and Goldstone, R. L. (2013). Social learning strategies in networked groups. *Cognitive Science* 37, 1383–1425.

Wobber, V., Hare, B., Lipson, S., Wrangham, R., and Ellison, P. (2013). Different ontogenetic patterns of testosterone production reflect divergent male reproductive strategies in chimpanzees and bonobos. *Physiology & Behavior, 116,* 44–53.

Woodward, J. (2010). Causation in biology: Stability, specificity, and the choice of levels of explanation. *Biology & Philosophy, 25*(3), 287–318.

Wunderlich, K., Symmonds, M., Bossaerts, P., and Dolan, R. J. (2011). Hedging your bets by learning reward correlations in the human brain. *Neuron, 71,* 1141–1152.

Yantis, S., and Jonides, J. (1990). Abrupt visual onsets and selective attention: Voluntary versus automatic allocation. *Journal of Experimental Psychology: Human Perception and Performance, 16*(1), 121–134.

Yong, E. (2012). Dark side of love. *New Scientist, 213,* 39–41.

Young, J. M., Krantz, P. J., McClannahan, L. E., and Poulson, C. L. (1994). Generalized imitation and response-class formation in children with autism. *Journal of Applied Behavior Analysis, 27*(4), 685–697.

Zentall, T. R. (2006). Imitation: Definitions, evidence, and mechanisms. *Animal Cognition, 9*(4), 335–353.

Zilles, K. (2005). Evolution of the human brain and comparative cyto- and receptor architecture. In S. Dehaene, J. R. Duhamel, M. D. Hauser, and G. Rizzolatti (eds.), *From Monkey Brain to Human Brain.* Cambridge, MA: MIT Press, 41–56.

Zuhurudeen, F. M., and Huang, Y. T. (2016). Effects of statistical learning on the acquisition of grammatical categories through Qur'anic memorization: A natural experiment. *Cognition, 148,* 79–84.

致谢

我不仅要感谢影响了本书核心思想的那些人，也要感谢对我的早期思想产生深远影响的那些人，是他们塑造了这个独特头脑的“谷”和“磨”。其中最重要的是我的哥哥文森特·海耶斯，他教会我如何辩论，以及如何正确地享受这件事胜过其他几乎所有事情。后来，我学术道路上的引导人是我的博士生导师亨利·普罗特金和博士后顾问唐纳德·坎贝尔、丹尼尔·丹尼特、安东尼·迪金森和尼古拉斯·麦金托什。回想起来，我很高兴他们之间有如此深刻的知识上的分歧，因为从进化认识论的高层跳入关联性学习的知识领域并不总是一帆风顺的。在美国，我和坎贝尔、丹尼特一起待了两年，之后，当我来到了剑桥的迪金森-麦金托什实验室时，我确信自己将坚定不移地转向，拥抱经验主义，放弃大自然和它的所有作品。但我的顾问们的远见卓识和作为知识分子的正直都鼓励着我去寻找正确的方法。本书涵盖了我目前为止在学术各方面取得的进展。

在那些塑造了这本书的“谷”的人中，我特别感谢那些有高贵灵魂的敏锐头脑，他们阅读了完整的书稿，并给出了宝贵的反馈：马丁·艾默、克里斯·弗里斯、尼克·谢伊、金·斯特莱尼，以及由雷切尔·布朗和理查德·摩尔在澳大利亚国立大学哲学系召集的每周一次的讨论小组的成员。（可惜的是，我不能参加讨论组，但我知道讨论常常进行得非常激烈。这使我觉得，如金·斯特莱尼所言，这是一个好兆头。）这些慷慨的第一读者——与艾伦·克拉克、安东尼·狄金森、尤塔·弗里斯和约翰·皮尔斯一起——不仅在书的主题上对我进行了辅导和挑战，而且在我从“实验心理学家”过渡到“理论生命科学家”时提供了宝贵的道义、实践和智力支持。

在伦敦大学学院和牛津大学之间的那条路上，我虽然放弃了实验室，但并没有忘记实验室生活的要求。我需要写更多的文章，筹集更多的资金，并让斤斤计较的资助方满意，还承担教学和行政工作，我很难找到时间读书，这也是为什么我花了很长时间努力使这本书尽可能简短精练。它是为了方便所有对人类进化感兴趣的人（包括人类学家、考古学家、生物学家、经济学家、哲学家和非专业读者）而写的，并且足够短，以便那些很少读心理学和神经科学领域书籍的人能迅速接受。

一旦我开始忘记实验室生活的严酷，杰弗·伯德、卡罗琳·卡特穆尔、理查德·库克、简·莱顿、克莱尔·普雷斯和伊丽莎白·雷会“粗暴地”提醒我。我和这些朋友和同事一起研究出了第 6 章中的模仿理论，他们不断提醒我设计和完成一个好的实验是多么困难，当你和你崇拜的人一起工作时，一切又是多么值得。

2011 年，罗伯特·巴顿、伊娃·贾布隆卡、艾莉森·戈普尼克、拉塞尔·格雷、亚瑟·罗布森和金·斯特莱尼来到牛津大学，就人类认知的进化问题举办了一个为期一学期的研讨会。我感谢他们当时的赞助公司，感谢英格兰的亨利六世、亨利·奇切利大主教，以及牛津大学万灵学院的院长和同事们，他们主办了这次研讨会，并提供了一个理想的学术环境，让我们可以自由地讨论几乎所有事情。

这是我的第一本，也可能是唯一的一本书。我想感谢斯蒂芬·科利尼、塞西尔·法布尔和安东尼·戈特利布对本书写作的指导与建议，以及哈佛大学出版社的工作人员贾尼斯·奥黛特、埃默雷德·詹森–罗伯茨、伊恩·马尔科姆和斯蒂芬妮·维斯对所有细枝末节的耐心帮助。

我的搭档马丁·艾默，在他的诸多天赋中，非凡的地点记忆力令人印象深刻。每当我们的讨论回到本书中的某一个主题时，马丁就能回忆起我们上次解决这个问题的地方——例如，在海格特伍兹散步时我们讨论的电子语义，在热那亚一家咖啡馆外我们解决了内隐心智解读，在去朋友婚礼途中我们讨论着语言的普遍性——并且通过这种方法回忆起我们所说的几乎每一句话。除了这种天赋，更多的是对他在这些未被遗忘的讨论中给予的敏锐见解和热情鼓励，我深表感激。

见识丛书

科学 历史 思想

01《时间地图：大历史，130亿年前至今》 [美]大卫·克里斯蒂安
02《太阳底下的新鲜事：20世纪人与环境的全球互动》 [美]约翰·R. 麦克尼尔
03《革命的年代：1789—1848》 [英]艾瑞克·霍布斯鲍姆
04《资本的年代：1848—1875》 [英]艾瑞克·霍布斯鲍姆
05《帝国的年代：1875—1914》 [英]艾瑞克·霍布斯鲍姆
06《极端的年代：1914—1991》 [英]艾瑞克·霍布斯鲍姆
07《守夜人的钟声：我们时代的危机和出路》 [美]丽贝卡·D. 科斯塔
08《1913，一战前的世界》 [英]查尔斯·埃默森
09《文明史：人类五千年文明的传承与交流》 [法]费尔南·布罗代尔
10《基因传：众生之源》（平装+精装） [美]悉达多·穆克吉
11《一万年的爆发：文明如何加速人类进化》 [美]格雷戈里·柯克伦 [美]亨利·哈本丁
12《审问欧洲：二战时期的合作、抵抗与报复》 [美]伊斯特万·迪克
13《哥伦布大交换：1492年以后的生物影响和文化冲击》 [美]艾尔弗雷德·W. 克罗斯比
14《从黎明到衰落：西方文化生活五百年，1500年至今》（平装+精装） [美]雅克·巴尔赞
15《瘟疫与人》 [美]威廉·麦克尼尔
16《西方的兴起：人类共同体史》 [美]威廉·麦克尼尔
17《奥斯曼帝国的终结：战争、革命以及现代中东的诞生，1908—1923》 [美]西恩·麦克米金
18《科学的诞生：科学革命新史》（平装） [美]戴维·伍顿
19《内战：观念中的历史》 [美]大卫·阿米蒂奇
20《第五次开始》 [美]罗伯特·L. 凯利
21《人类简史：从动物到上帝》（平装+精装） [以色列]尤瓦尔·赫拉利
22《黑暗大陆：20世纪的欧洲》 [英]马克·马佐尔
23《现实主义者的乌托邦：如何建构一个理想世界》 [荷]鲁特格尔·布雷格曼

24《民粹主义大爆炸：经济大衰退如何改变美国和欧洲政治》［美］约翰·朱迪斯
25《自私的基因（40周年增订版）》（平装+精装）［英］理查德·道金斯
26《权力与文化：日美战争1941—1945》［美］入江昭
27《犹太文明：比较视野下的犹太历史》［以］S. N. 艾森斯塔特
28《技术垄断：文化向技术投降》［美］尼尔·波斯曼
29《从丹药到枪炮：世界史上的中国军事格局》［美］欧阳泰
30《起源：万物大历史》［美］大卫·克里斯蒂安
31《为什么不平等至关重要》［美］托马斯·斯坎伦
32《科学的隐忧》［英］杰里米·鲍伯戈
33《简明大历史》［美］大卫·克里斯蒂安［美］威廉·麦克尼尔 主编
34《专家之死：反智主义的盛行及其影响》［美］托马斯·M. 尼科尔斯
35《大历史与人类的未来（修订版）》［荷］弗雷德·斯皮尔
36《人性中的善良天使》［美］斯蒂芬·平克
37《历史性的体制：当下主义与时间经验》［法］弗朗索瓦·阿赫托戈
38《希罗多德的镜子》［法］弗朗索瓦·阿赫托戈
39《出发去希腊》［法］弗朗索瓦·阿赫托戈
40《灯塔工的值班室》［法］弗朗索瓦·阿赫托戈
41《从航海图到世界史：海上道路改变历史》［日］宫崎正胜
42《人类的旅程：基因的奥德赛之旅》［美］斯宾塞·韦尔斯
43《西方的困局：欧洲与美国的当下危机》［德］海因里希·奥古斯特·温克勒
44《没有思想的世界：科技巨头对独立思考的威胁》［美］富兰克林·福尔
45《锥形帐篷的起源：思想如何进化》［英］乔尼·休斯
46《后基因组时代：后基因组时代的伦理、正义和知识》［美］珍妮·瑞尔丹
47《世界环境史》［美］威廉·H. 麦克尼尔 约翰·R. 麦克尼尔 等 编著
48《竞逐富强：公元1000年以来的技术、军事与社会》［美］威廉·麦克尼尔
49《大加速：1945年以来人类世的环境史》［美］约翰·R. 麦克尼尔
50《不可思议的旅程：我们的星球与我们自己的大历史》［美］沃尔特·阿尔瓦雷兹
51《认知工具：文化进化心理学》［英］塞西莉亚·海耶斯
52《人工不智能：计算机如何误解世界》［美］梅瑞狄斯·布鲁萨德
53《断裂的年代：20世纪的文化与社会》［英］艾瑞克·霍布斯鲍姆

……后续新品，敬请关注……